The Basic of
WINE

葡萄酒

〔日〕E·I出版社编辑部 编著

方宓 译

华中科技大学出版社
http://www.hustp.com
中国·武汉

有书至美
BOOK & BEAUTY

了解基础，
方能深入学习

葡萄酒知识

酒杯来源：醴铎
图片来源：郑莉娜平
文字来源：Bryan DeBlame（布莱恩·多伊加姆）

有一种饮料，人类从古至今都在谈论。关于它的原材料葡萄，关于种植葡萄的人，关于葡萄的加工方法，关于酿造出品的酒庄，关于酒庄所在地的风土人情，关于发生在那片土地上的轶事……

话匣子一旦打开，就再也关不上了。独自一人也好，朋友小聚也好，参加家宴也好，葡萄酒适合在每一个有思想交流的场合被提及，其原因或许正在于此。

如今的葡萄酒正在不断地发生着变化。在时代大潮的影响下，葡萄酒也迎来了属于它的大时代。

过往皆成序章，学习葡萄酒新知的篇章正待书写。更多美味的葡萄酒等待人类去酿造和品尝。

目录

[看葡萄酒业的离经叛道者如何震惊业界]

182　成为葡萄酒酿造商竟然是因为讨厌葡萄酒?

葡萄酒生产商　大西孝之

话到嘴边却忘词?

188　葡萄酒用语集

专栏

越了解，越有趣！

葡萄酒七大基础知识

点滴知识的获取，会使葡萄酒瞬间变得既有趣又有味。

本书将分七个主题，

从葡萄的品种、产地等基础常识，

到更多有趣的知识，

进行全面的介绍。

Basic

Knowledge

of

Wine.

基础知识｜ No.1

学习葡萄的品种，
了解葡萄酒

基础知识｜ No.2

葡萄酒的周边环境
处于持续不断的变化中

基础知识｜ No.3

为葡萄酒锦上添花的
玻璃酒杯

基础知识｜ No.4

香气和味道的
极致表现

基础知识｜ No.5

洞悉四大要素，
选择葡萄酒柜

基础知识｜ No.6

熟成是唤醒葡萄酒
本性的过程

基础知识｜ No.7

重新审视副牌酒

No.1 了解葡萄品种，了解葡萄酒

在世界各地种植的葡萄中，约有八成被称为葡萄酒专用品种。了解味蕾对不同品种葡萄的偏好，有助于更好地挑选葡萄酒。

白葡萄

白葡萄用于酿造"白葡萄酒"。其颗粒大多比黑葡萄大。剥去果皮，摘去籽，压榨成汁后将其进行发酵。

黑葡萄

果皮在紫色与黑色之间，果实颗粒小。因保留着果皮和籽进行发酵，酿出的葡萄酒便带有"红色"。

酿造葡萄酒的原料
是酿酒专用葡萄

　　想要了解葡萄酒，必须从了解葡萄的品种入手。一般而言，用于酿造葡萄酒的是专门培育的酿酒葡萄，而非作为水果食用的葡萄。笼统地说，葡萄的品种可分欧洲种、美国种两大系统，酿造葡萄酒所用的一般是欧洲品种的葡萄。与美国品种相比，欧洲品种的葡萄在糖度、酸度上更高一筹，颗粒也较小。

　　若论代表性品种，红葡萄中有赤霞珠、黑皮诺、梅鹿辄，白葡萄中则有长相思、霞多丽等。即使对品种差异不甚了了，想必仍有不少人对这些名称都有所耳闻。

　　首先从品尝用这些人气品种酿造的葡萄酒开始，找到自己中意的一种，然后再品尝其他国家或产地酿造的葡萄酒，接着品尝以某一种葡萄为基底混合酿制的葡萄酒……如此渐次拓宽品味葡萄酒的范围，这也不失为乐享葡萄酒的方式之一。

从葡萄酒酒标解读葡萄品种

新世界国家酿造的葡萄酒，多会在酒标上标注所用葡萄的品种名。如未标注，也可以从产地信息去解读葡萄的品种。

法国葡萄酒

在法国葡萄酒中，有不少未在酒标上标注葡萄的品种。记住哪个产地生产哪个品种的葡萄，是了解葡萄酒的捷径。

新世界葡萄酒

新世界葡萄酒

新世界葡萄酒大多会在酒标上标注所用葡萄的品种。我们不妨从这一信息中，了解每一种味道的特点。

罗曼尼·康帝

此酒是勃艮第的代表，100%以此地常用的黑皮诺葡萄酿造。

黑皮诺 10%
灰比诺 30%
佳美 60%

博若莱新酒

酿造于勃艮第的博若莱地区的新酒，原料葡萄以佳美为主。特点是酒体轻盈，无涩味。

黑皮诺100%

知名葡萄酒分别来自
哪一品种的葡萄？

以罗曼尼·康帝为首，全球最知名的4种法国葡萄酒分别是用哪个品种的葡萄酿造的呢？且听我们细细道来。

**凯隆世家庄园
红葡萄酒**

由赤霞珠等3种葡萄混合酿造而成。波尔多的红葡萄酒多为数个葡萄品种混酿而成。

品丽珠 10%
梅鹿辄 30%
赤霞珠 60%

夏布利葡萄酒

夏布利也是勃艮第的一个地区名。此酒100%使用人气品霞多丽酿造。

霞多丽100%

红葡萄酒六大基本品种

姑且不论产地和酿造者的因素,

决定葡萄酒的风味,并发挥重大作用的是葡萄。

首先,让我们了解用于酿造红葡萄酒的黑葡萄都有哪些品种,

以及它们各自的特性。

图片来源: Mercian Corporation（美露香）

各品种风味分布图

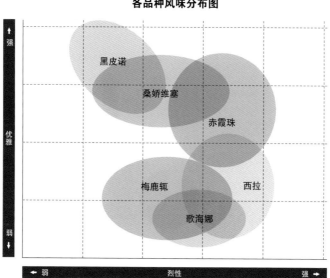

强

优雅

弱

黑皮诺

桑娇维塞

赤霞珠

梅鹿辄

西拉

歌海娜

← 弱　　　　烈性　　　　强 →

个性丰富的黑葡萄
会酿出什么样的味道？

虽然决定风味的要素有若干个,但所选葡萄的味道却在很大程度上影响着葡萄酒的味道。不同品种的葡萄,酸味、涩味、苦味的比例也各不相同,而且有不少酿造者为了追求理想的味道,会混合多品种,而非单一品种葡萄加以酿造。

用于酿造红葡萄酒的,是酿酒专用葡萄,称"黑葡萄"。各种味道达到完美平衡的品种以赤霞珠为首,包括梅鹿辄、西拉、黑皮诺在内,也被称为国际品种,在世界各地均有栽培。2013年被OIV（国际葡萄与葡萄酒组织）登记入册的贝利A麝香,是诞生于日本的品种。即便是同一品种,由于受到气候条件、土质、栽培方法的影响,其味道也各有不同。

酿酒圣地波尔多的代表品种
红葡萄中的超级巨星

赤霞珠
Cabernet Sauvignon

产自波尔多地区的主要产区梅多克，是品丽珠与长相思自然交配而成的品种。未成熟时伴有着浓烈的甜椒香，而一旦成熟，黑色的果实又散发出甘草的芳香。赤霞珠葡萄酒酒体较重，酒力强劲，在加州等新世界常以高级品种酒的标准酿造。而酿造时又会混合若干梅鹿辄，以获得最佳平衡。

❱ 味 ｜ 重

熟成后单宁的涩味与酸味达到平衡，口感变得醇厚。

❱ 香

散发黑加仑、胡椒等华丽香味

❱ 主要产地

法国波尔多地区（以梅多克、格拉夫地区为主）
美国 加州
纳帕谷
意大利 保格利地区
澳大利亚 库纳瓦拉
智利 迈坡谷

❱ 代表酒款

蒙大维酒庄赤霞珠红葡萄酒

❱ 味 ｜ 略轻～略重

酸度高，丰富的水果味盖过单宁的涩味，形成富有个性，口感强劲的味道。

❱ 香

新酿成时散发草莓和树莓的果香，熟成后更添泥土和菌菇的香味。

❱ 主要产地

法国 勃艮第地区
法国 阿尔萨斯地区
新西兰
美国 俄勒冈州
澳大利亚
维多利亚州

❱ 代表酒款

路易亚都雅克勃艮第黑皮诺红葡萄酒

来自勃艮第的贵妇人
以性感芳香香撩人

黑皮诺
Pinot Noir

专用于酿造红葡萄酒，是法国勃艮第地区的代表性葡萄品种。酿造之初散发草莓、树莓幼果的清香，熟成之后又添鞣革及动物皮毛之类撩人的风味，酸度较高，单宁细致。如无特殊原因，一般采用单酿。喜欢寒冷气候，在新世界阵营中也得以成功酿造的，是加州的索诺玛海岸，澳洲的维多利亚州以及新西兰。黑皮诺在德语中称Spätburgunder。

果粒圆润、味道醇厚
是卡本内＊的劲敌

梅鹿辄
Merlot

在波尔多地区，梅鹿辄与赤霞珠的人气指数平分秋色，二者的种植面积在世界范围内也互为伯仲。与赤霞珠相比，梅鹿辄早一周时间成熟，种植在气温适中的地方可免其过度成熟。在波尔多地区，属右岸的圣埃美隆、波美侯种植面积广阔。酿出的葡萄酒酒体丰满，口感柔滑。梅鹿辄在意大利东北部也有大面积种植。

※卡本内：对红葡萄品种品丽珠（Cabernet Franc）和赤霞珠（Cabernet Sauvignon）的简称。

- -

▶味 ｜ 重

熟成时间比赤霞珠短，味道醇厚，
层次丰富。

▶香

散发梅子般丰厚的果香。

▶主要产地

意大利 弗留利-威尼斯朱利亚大区
智利
美国 华盛顿州
日本 长野县

▶代表酒款

克里斯蒂安·莫伊克梅洛干红葡萄酒

▶味 ｜ 重

味辣且浓厚，随着熟成而变得醇厚。

▶香

混合树莓、黑加仑等果香味以及香辛料味，野性十足。

▶主要产地

法国 罗纳河谷地区
澳大利亚
美国 加州
南非 斯泰伦博斯
智利 空加瓜谷

▶代表酒款

莎普蒂尔酒庄赛泽兰干红葡萄酒

主要产自罗纳与澳洲
辛辣的后味特点鲜明

西拉
Syrah

由诞生于法国东部的杜瑞莎与白梦杜斯两种葡萄自然交配而成，特点是果粒小、果皮厚。性喜温暖、干燥的气候，人们使用它在法国罗纳地区北部酿出最好的红葡萄酒。另一处酿酒圣地是澳大利亚，此地称其为"设拉子"。产自罗纳的西拉具有紫罗兰花香及皮革香味，而产自澳大利亚的西拉则带着梅子和纯巧克力的风味。

意大利的代表品种
名称不一而足

桑娇维塞
Sangiovese

据说诞生于意大利的托斯卡纳，除北意大利的部分地区及西西里岛之外，几乎所有地区都有种植，是一种适应性很强的品种。在不同地区有不同命名：在基安蒂叫作桑娇维塞，在蒙塔奇诺叫作布鲁奈罗，其他名字还包括普鲁诺阳提、莫雷利诺等。骨架及酒体扎实，熟透的果实仍有很强的酸味。

》味 ｜ 略重

涩味浅，酸度高。

》香

兼有果实的芳香，与香辛料、香草等辛辣的香味。

》主要产地

意大利 托斯卡纳大区
意大利 艾米利亚-罗马涅大区
意大利 马尔凯大区
意大利 翁布里亚地区
法国 科西嘉岛（涅露秋）

》代表酒款

凯胜泰利珍藏经典基安帝干红葡萄酒

》味 ｜ 重

浓厚且醇厚。

》香

树莓等果实的芳香，以及香草、胡椒等辛辣的芳香。

》主要产地

法国 罗纳河谷地区
西班牙 拉里奥哈产区
西班牙 纳瓦拉
澳大利亚
南澳大利亚州
意大利 撒丁岛（卡诺娜）

》代表酒款

莎普蒂尔新教皇城堡红葡萄酒

诞生于西班牙
果粒丰满妖艳

歌海娜
Grenache

今天，世界各国都有歌海娜的种植地，其中又以法国南部为主。而其真正的诞生地却是西班牙，正式名称为"Garnacha"。带有水果味，主要用于与其他品种进行调配。在澳大利亚，人们用采自古老葡萄树的歌海娜酿造绝佳的葡萄酒。在严格控制产量的前提下，水果得以浓缩，从而酿就馥郁的、带着辛辣香味的葡萄酒。除红葡萄酒之外，也用于酿造桃红葡萄酒。

葡萄酒知识一点通

红葡萄酒专用
葡萄品种图鉴

黑葡萄在世界各国都有种植，
了解个性丰富的葡萄品种，
是品味葡萄酒的助兴之举。

丹魄
Tempranillo

西班牙的标志性葡萄品种，是西班牙高级葡萄酒中高酸度的来源。其词源来自西班牙语"temprano"，意为"早"，据说因其早熟的特性而得此名。丹魄散发黑樱桃的香味，因木桶熟成的方法和时间不同，还伴随着巧克力、烟草、鞣革等风味。

味	重

伴随着淡淡的酸味，口感醇厚而有分量。

香

鲜酿酒香味较弱，熟成后形成花朵般的芳香。

代表酒款

艾米里欧莫洛干红葡萄酒

艾格尼科
Aglianico

来自南意大利，是当地最出色的葡萄品种，生长在布满火山灰的山坡上，用来酿造顶级葡萄酒。酿造在大、小木桶中进行，慢慢熟成。其色泽较深，香味华丽。酒精度高，酸味丰富，适合长期熟成。南意大利的坎帕尼亚大区、普利亚大区都是种植区。

味	重

口味清爽，酸、涩度比例协调，口感层次丰富，单宁含量高。

香

丰满的果实味。经过熟成可使其个性更加凸显。

代表酒款

祈祷之语洛堂都艾格尼科干红葡萄酒

佳美娜
Carménère

曾经在波尔多地区广泛种植，虽有高品质葡萄酒出产，产量却越来越小。19世纪末，佳美娜远渡重洋来到智利。在很长时间内，人们都将其错认作梅鹿辄，直到1994年才为其平反，还其佳美娜的真实身份。特点是既有卡本内的骨架（酸度），又有梅鹿辄的柔和，风味辛辣。

味	略重

比赤霞珠更柔和、沉稳。

香

辛辣的芳香。

代表酒款

干露园中园佳美娜干红葡萄酒

品丽珠
Cabernet Franc

法国波尔多地区原产的葡萄品种，主要用于与梅鹿辄混酿。酒体轻盈，散发浓郁的香草及泥土芳香，却也可酿出如圣埃美隆酿制的白马庄园正牌干红葡萄酒般，酒力强劲的葡萄酒。

味	略轻～略重

赤霞珠的原种。酸、涩味均浅，口感柔和。

香

散发香草及泥土的香味。

代表酒款

卓佳酒庄迪奥特园品丽珠红葡萄酒

科维纳
Corvina

是酿造意大利威尼托地区的DOC葡萄酒、瓦尔波利切拉、巴多利诺、阿玛罗尼葡萄酒的重要品种。一般来说，瓦尔波利切拉、巴多利诺略带水果味。阿玛罗尼口味浓厚，酒力强劲。

味	略轻

采用混酿，可使酒色深红，味酸，单宁轻。

香

散发花朵、黑色水果、樱桃等华丽芳香。

代表酒款

卡雷塞经典瓦波里却拉红葡萄酒

佳美
Gamay

用佳美酿制的葡萄酒色深，带有水果味。虽然全世界都有种植，但仅在博若莱的栽培面积便占到一半。博若莱新酒中带有明显的香蕉和草莓糖香味。卢瓦尔河流域也有种植，因甜度高而受欢迎。

味	轻

以酸味打底，涩味起着很好的点缀作用，口味清淡。

香

富于草莓、樱桃等果香。

代表酒款

亚伯必修酒庄红葡萄酒

仙粉黛
Zinfandel

虽是加州本地品种，但与意大利普利亚大区种植的普里米蒂沃属同一品种。甚至有人指出，它与克罗地亚出产的普拉瓦茨马里也存在一定的基因关系。风味如梅子干，余味辣，整体酒精度高。也有人直呼它"仙"。

味	略重

涩味醇厚，兼有辛辣风味。

香

浆果香中混杂着辛辣的强烈香味。

代表酒款

博泰乐仙粉黛干红葡萄酒

多姿桃
Muscat Bailey A

起源于意大利皮埃蒙特大区，名称来自"dolce"，意大利语意为"甘甜"。一看便知，这是一个甜葡萄品种。但所酿红酒并非甜味，只是因酸度较低，果味被凸显出来，更容易被味蕾捕捉到而已。因其具有发育早、易成熟的特性，在其他品种难以栽培的朝北斜坡，也是多姿桃的乐土。

味	轻

单宁与酸味弱，果味强。

香

水果味，凝练的香味与杏仁香味。

代表酒款

恩佐博列特多姿桃红葡萄酒

贝利A麝香
Dolcetto

川上善兵卫于1927年将贝利与汉堡麝香杂交培育出的品种，抗病虫害能力强，在气候湿润的日本也不难栽培。带有草莓糖般的香味，一般作为酒体轻盈的水果葡萄酒加以酿制。

味	轻

涩、酸味变强，口味醇厚。

香

散发草莓般的清香。

代表酒款

美露香酒庄贝利A麝香红葡萄酒

黑珍珠
Malbec

黑珍珠是西西里岛的明星葡萄品种，可以酿制最优质的红葡萄酒。酒精度高，过去曾被运往托斯卡纳、皮埃蒙特，其后又被运往法国的波尔多、勃艮第等地，作为增强剂加以调配。到80年代开始有减产的趋势，现在种植面积又有所回升。

味	重

酒体扎实，单宁细腻。

香

香味优雅，兼有梅子和辛辣的香味。

代表酒款

圣佐纳斯塔西亚修道院黑珍珠红葡萄酒

马尔贝克
Nero d'Avola

法国卡奥尔大面积种植此品种。按照原产地名称保护制度的规定，必须70%以上使用该品种酿造葡萄酒。安第斯山脚下昼夜温差大，阿根廷的马尔贝克葡萄在这里长出了深黑色的果实，酿出的葡萄酒酒精浓度高，且酒力强劲，是该国的代表品种。

味	重

法国产的味道饱满而尖锐，阿根廷产的味道中富含果味。

香

浓厚的果香中，更添富有异国风情的香味。

代表酒款

卡帝娜马尔贝克干红葡萄酒

慕合怀特
Mourvèdre

原产于西班牙，却因作为法国邦多勒产区的红葡萄酒的主要成分而知名。这是一种晚熟品种，性喜气温较高的山地，酿出的葡萄酒富于野性、酒力强劲。在西班牙栽种于地中海沿岸的帕伦西亚、穆尔西亚、加泰罗尼亚。

味	重

风味浓郁，单宁含量高。

香

带有野性的熟成香，如皮革、毛皮一般。

代表酒款

艾米塔吉酒庄红葡萄酒

内比奥罗
Nebbiolo

北意大利皮埃蒙特大区两大名贵葡萄酒巴罗洛、巴巴莱斯克，都以内比奥罗葡萄为原料，属于晚熟品种。10月前后采收，时值多雾（意大利语：nebbia）季节，故而得名（Nebbiolo）。生长缓慢，性喜日照充足的斜坡，以塔纳罗河右岸的泥灰质土壤为最佳栽培土壤。

味	略重

涩味、酸味丰富，口味浓厚。

香

在丰富的果香之外，兼有紫罗兰、玫瑰及蘑菇类的香味。

代表酒款

皮欧巴罗洛干红葡萄酒

蒙特布查诺
Monte pulciano

主要在阿布鲁佐、马尔凯等阿get亚得里亚海沿岸的大区栽种，在以其为原料酿制的葡萄酒中，阿布鲁佐蒙特布查诺最为知名。2003年，阿布鲁佐蒙特布查诺、可丽特洛玛纳升级为DOCG（优质法定产区级葡萄酒）。在以可丽特洛玛纳蒙特布查诺干红葡萄酒之名广为人知。

味	略轻～略重

单宁柔和，水果味丰富。

香

浆果类的香味，以及肉桂等微辣的香味。

代表酒款

泰利帝爵塔托内阿布鲁佐蒙特布查诺干红葡萄酒

巴贝拉
Barbera

在意大利皮埃蒙特大区，巴贝拉的产量占据总产量的半数，是相对多产的品种。过去曾被用来酿造酸味强、轻微起泡的口味较轻的葡萄酒。时至今日，此类葡萄酒虽然为数不少，但在橡木小酒桶中熟成的品种，酒体扎实，骨架丰满，口味浓厚的葡萄酒。

味	略轻

酸度很高，涩味则相对不那么明显。

香

樱桃、梅子般的香味，以及紫罗兰花香。

代表酒款

百来达蒙特布鲁纳阿斯蒂巴贝拉干红葡萄酒

白葡萄酒六大基本品种

论品种的数量，白葡萄也不遑多让，而这其中的翘楚便是霞多丽。

白葡萄的果味和酸味变化多样，品种本身所具有的芳香也是重要特性之一。

有的适合酿造辣味葡萄酒，有的则适合酿造甜味葡萄酒。

各品种风味分布图

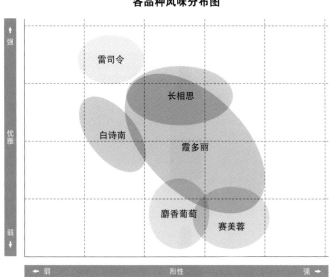

白葡萄酒专用品种，口味丰富多样

使用黑葡萄也可以酿造白葡萄酒，但本节将要介绍的，是白葡萄和粉色果皮的"粉系"品种。

与基本都是辣味的红葡萄酒不同，白葡萄酒的口味变化极为丰富，有辣、半辣、半甜、甜，以及贵腐果味的极甜味。然而通过控制发酵的手段，用同一品种的葡萄可以酿出辣味和甜味两种葡萄酒。因此，葡萄酒的糖度与葡萄的甜度并无必然的联系。

除了每个品种本身的芳香之外，不锈钢桶、橡木酒桶等发酵容器，也会对香味产生影响。近年来，葡萄产地本地的品种已引起了全球的关注，2010年登录OIV（国际葡萄与葡萄酒组织）基础数据库的甲州葡萄，便是1000多年前经过丝绸之路传入日本的，珍贵的本地品种。

跟随产地而变化自如，
白葡萄中的明星品种

霞多丽
Chardonnay

霞多丽在世界各地均有栽培，在勃艮第地区被用于
酿造顶级的辣味白葡萄酒。在不同的气候、土壤条件
下，其风味可发生各种变化。在寒冷的石灰质土壤中
栽培，在不锈钢桶中酿就的白葡萄酒散发青苹果和酸
橙的香味，同时伴有矿物质的味道，口感清新。与此
相反，如果将温暖气候下栽培的霞多丽放在橡木酒桶
中酿造，则会获得酒体丰满的白葡萄酒，具有热带水
果和坚果的风味。

> 味 ｜ 辣

酸味与层次感比例协调，果味丰富。
品种本身个性单薄。

> 香

散发苹果、柑橘类水果的香味，并带有
矿物质的香味。酒桶熟成的白葡萄酒
中，还有丰富的香草香味。

> 主要产地

法国 勃艮第地区
美国 加州
泰诺玛海岸
智利 卡萨布兰卡谷
澳大利亚 阿德莱德山
日本 长野县

> 代表酒款

朗德巴吉酒庄霞多丽干白葡萄酒

- -

> 味 ｜ 辣

酸味恰到好处，果味柔和。

> 香

柑橘香中带有香草香，香味独特。

> 主要产地

法国 卢瓦尔河地区
法国 波尔多地区
新西兰
意大利 弗留利-威尼斯朱利亚大区
澳大利亚 施泰尔马克州

> 代表酒款

诺塞酒庄桑塞尔干白葡萄酒

以柑橘香气为特征的

长相思
Sauvignon Blanc

长相思具有独特的芳香，在西柚、百香果等柑橘香中
带有香草味。原产于法国波尔多地区，多与赛美蓉或
密斯卡岱调和使用。在卢瓦尔河地区的桑塞尔或普
伊·富美则作为单一品种，酿出的白葡萄酒香草香味
更加浓烈，且具有一定酸度，口感清新。在波尔多地
区也有不少使用酒桶熟成。

具有迷人的甘美芬芳
也不乏辛辣口味

雷司令
Riesling

盛产于德国的白葡萄品种，在品质、价值、储存时间方面，是堪与霞多丽比肩的卓越品种。大量种植开始于15世纪，具有白花、蜂蜜、白桃等甘美的芬芳，纯净的酸味与比例得宜的甜味引无数人为之折腰。一般认为德国产的雷司令酒精度低，口味甜。但近年来也多用于酿制半辣、辣味的葡萄酒。

》味 ｜ 中辣～极甜

苹果般纯净、清爽的酸味与甜味。

》香

花朵、青苹果、柑橘类、矿物质的香味。
熟成后香味更浓。

》主要产地

德国 摩泽尔地区
德国 莱茵高地区
法国 阿尔萨斯地区
澳大利亚 南澳大利亚州
澳大利亚 瓦豪

》代表酒款

罗伯特威尔雷司令干白葡萄酒

》味 ｜ 甜味主体

清爽的水果味。

》香

麝香葡萄和梅鹿辄般的甜香味。

》主要产地

法国 罗纳河谷地区
法国 朗格多克-露喜龙地区
法国 阿尔萨斯地区
意大利 皮埃蒙特地区
希腊 萨摩斯岛

》代表酒款

百米达森萨诺姆园莫斯卡托起泡酒

散发迷人芬芳
适合酿制甜味葡萄酒

麝香葡萄
Muscat

特点是带有浓烈的麝香芬芳。多数麝香类品种喜欢温暖的气候，种植在南欧各地。该品种在意大利语中称Moscato，在英语中称Muscat，在西班牙语中称Moscatel，可见其在世界各国都是为当地人熟知的白葡萄品种。其酸味水嫩、清爽，专用于酿造弱起泡葡萄酒等，各种各样的甜味葡萄酒。

从平庸到不凡，各种香气百花齐放
唯蜂蜜与稻草香卓尔不群

白佳丽酿
Chenin Blanc

是可长期熟成的甜味葡萄酒，以及价格亲民的鲜酿葡萄酒的材料。法国卢瓦尔河地区是其发源地，因此也被称为卢瓦尔皮诺。在卢瓦尔河中部的安茹索米尔、都兰广泛种植，用于酿制优质的辣味、半甜、甜味白葡萄酒。香味如蜂蜜与稻草，酸度高。白佳丽酿在南非的种植量是法国的2倍，但香味和口味都略逊一筹。

》味　　│　辣～极甜

熟透的葡萄甜度高，在寒冷地区
可酿造高酸度的辣味葡萄酒。

》香

独特的蜂蜜与稻草香味。

》主要产地

法国 中部卢瓦尔地区
南非
加州 中央山谷
新西兰
澳大利亚

》代表酒款

尼古拉斯·乔利萨韦涅尔干白葡萄酒

》味　　│　辣～甜

酸味浅，层次丰富。

》香

辣味葡萄酒散发青草果、柑橘类水果香味，
甜味葡萄酒则带有蜂蜜香味。

》主要产地

法国 波尔多地区
法国 西南地区
澳大利亚 猎人谷
智利
美国 华盛顿州

》代表酒款

拉菲莱斯古堡酒庄贵腐甜白葡萄酒

酒体丰满，层次丰富，
最宜酿制贵腐葡萄酒

赛美蓉
Sémillon

大面积种植于法国西南地区，是酿制甜味葡萄酒不可或缺的品种。香味个性不甚突出，酒体丰满，经常与香味个性突出且酸味重的长相思调和。在波尔多地区的苏特恩，利用其易感染贵腐菌的特点，生产出珍贵的极甜葡萄酒，在贝萨克-雷奥良、格拉夫地区则形成辣味葡萄酒的酒体。

也有不少品种令人欲罢不能

白葡萄酒专用
葡萄品种图鉴

在人们的印象中，
白葡萄的口味似乎比黑葡萄清淡。
实际上，栽培方法和酿造手法才是
决定葡萄酒个性的因素。

灰皮诺
Pinot Gris

黑葡萄黑皮诺的变异品种，果皮为粉色。在勃艮第几乎看不到，但有些葡萄园中栽种的灰皮诺却被人叫作Pinot Beurrot。在法国，最可口的灰皮诺葡萄酒来自阿尔萨斯地区。此酒散发着蜂蜜的香味，酒体丰满，酒香馥郁。

| 味 | 辣味主体 |

酒味醇厚、层次丰富，微苦。

香

兼有果味与果仁香。品质佳者散发蜂蜜香味。

代表酒款

炉石庄园灰皮诺干白葡萄酒

阿里高特
Aligoté

在勃艮第地区屈居霞多丽之后，是排名第二的白葡萄品种。用其酿造的葡萄酒口感细腻，酸味强，不适合小酒桶熟成。将阿里高特葡萄酒与黑醋栗利口酒混合，便成了法国著名的鸡尾酒——基尔酒。夏隆内丘地区布哲隆的阿里高特脱颖而出，于1997年获得了独立的产地名称。

| 味 | 辣 |

口感细腻，酸味突出。

香

芳香如柑橘。带有独特的多层次芳香。

代表酒款

维兰酒庄（布宏哲村）干白葡萄酒

卡尔卡耐卡
Garganega

种植于意大利威内托大区，在其他优质产区，如甘贝拉拉、贝利奥丘、科利·尤加内、科斯多佐等地也经常使用此一品种。管理到位，酿造工艺精湛的葡萄酒，活力生机勃勃，散发迷人的柑橘芬芳。

| 味 | 辣味主体 |

酒味新鲜，有果味。熟成后更增醇厚与复杂口感。

香

柑橘类芳香，熟成后散发香草及果仁香味。

代表酒款

皮耶罗潘古典索阿维干白葡萄酒

阿内斯
Arneis

意大利皮埃蒙特产区的经典白葡萄品种之一，气味极其芬芳，常与内比奥罗混酿，为葡萄酒增添馥郁的香气。富有独特的水果香和隐约的杏仁风味。在其主产地罗埃洛小镇，人们会在内比奥罗中添加少量阿内斯来酿制红葡萄酒。

| 味 | 辣～甜 |

曾经被用作甜味佐餐葡萄酒，但近年来也有辣味酒出现。口味也是酿造者个性的反映。

香

散发独特的水果芳香，以及隐约的杏仁香。

代表酒款

卡希斯奇科酒庄罗埃罗阿内斯干白葡萄酒

绿维特利纳
Grüner Vertliner

占据澳大利亚超过⅓的葡萄园，是该国的代表品种。维也纳西部种植的品质最佳。在不同产地，由不同人酿造的酒款多种多样，从酒体轻盈、口味清爽的葡萄酒，到具有黏性口感的都有。

| 味 | 辣～甜 |

浓郁的水果级，清新的酸味与辣味兼而有之。

香

突出的香草芬芳，隐约的胡椒香。

代表酒款

皮希勒冯窝绿维特利纳干白葡萄酒

维欧尼
Viognier

北部罗纳的葡萄品种。在1968年的调查中，其种植面积减至仅余15公顷。在孔德里约、格里叶仅仅用于单酿，而在红葡萄酒罗第丘中，则将其与占比20%的西拉加以混酿。维欧尼白葡萄酒带有杏的芬芳，酒体丰满。

| 味 | 辣 |

风味扎实，酸味浅。

香

带有柑橘类水果及花香，经酒桶熟成后更添香草芬芳。

代表酒款

莎普蒂尔因怀特白葡萄酒

琼瑶浆
Gewürztra miner

带有独特的荔枝和葡萄柚的香味，品种本身也是针对其芳香命名，"Gewürztra"是德语，意为"香料"。在法国阿尔萨斯地区以此品种酿造的葡萄酒酒体丰满、层次丰富，闻名遐迩。

| 味 | 辣～甜 |

口味浓郁，入口顺滑，也带辣味。

香

荔枝与薰衣草般的芳香，兼有香料的香味。

代表酒款

拉格德德庄园琼瑶浆干白葡萄酒

阿尔巴利诺
Albariño

加利西亚地区的下海湾大约有5,000公顷的栽种面积中，有90%属于阿尔巴利诺。在高品质的辣白葡萄酒不占优势的西班牙，阿尔巴利诺葡萄酒拥有一览众山小的人气。它带有白桃般美好的酸味，芳醇的芳香，以单一品种酿制的葡萄酒，可以在酒标上注明葡萄品种。

味 ｜ 辣
果味与酸味比例协调，风味与雷司令也很相似。

香
散发白桃般的浓郁香气。

代表酒款
阿兰泰酒庄阿尔巴利诺白葡萄酒

甲州
Koshu

这是在日本拥有1000多年历史的欧洲品种。明治时期开始葡萄酒酿造之前，甲州葡萄都用来生食。其果皮呈紫红色，果汁与果皮长时间接触即变色，并产生涩味。一直以来人们都认为该品种香气很弱，然而酿造之后发现其带有柑橘类香气。

味 ｜ 辣～甜
带有隐约的酸味与淡淡的甜味。

香
洋梨、白桃、香蕉与白花香。

代表酒款
美露香酒庄甲州KIIRO香白葡萄酒

西万尼
Silvaner

主要种植于德国，而优质西万尼则产于弗兰肯，一般用于酿造辣型与半辣型的佐餐酒。酒力强劲，带有清爽的酸味，以及优雅的矿物质味道。法国阿尔萨斯地区多以此品种酿造酒体轻盈的白葡萄酒。

味 ｜ 辣
基本无酸味，口味清淡。

香
香味浅淡，某些酒款还带有甜瓜般的清香。

代表酒款
乌尔茨堡石葡萄园西万尼干白葡萄酒

玛尔维萨
Malvasia

种植地面积广阔，以意大利与伊比利亚半岛为中心。中世纪时，希腊有一个港口城市名为莫奈姆瓦夏（Monemvasia），玛尔维萨（Malvasia）便是由此演化而来。此品种有亚种，意大利最为普及的品种当属坎蒂亚玛尔维萨。而在西班牙的里奥哈、纳瓦拉的产量却逐年减少。

味 ｜ 辣～甜
丘陵地带所酿葡萄酒酒精度高、味甜，平原地区的酒精度低。

香
丘陵地带所酿葡萄酒散发杏、桃的芳香，平原地区的散发柠檬芳香。

代表酒款
王源酒庄弗拉斯卡蒂超级白葡萄酒

蜜思卡岱
Muscadet

原产于勃艮第地区，在法国卢瓦尔河下游大面积种植。根据产区分为"塞伏尔-马恩-蜜思卡岱""卢瓦尔丘-蜜思卡岱""蜜思卡岱""格兰里奥-蜜思卡岱"几类，具有较强的酸味和果香味。

味 ｜ 辣
酸味强，新鲜水果味。

香
新鲜水果的纤细芬芳。

代表酒款
克芙雷酒庄（索维）塞伏尔-马恩-蜜思卡岱干白葡萄酒

弗留利
Friulanot

顾名思义，这是广泛种植于东北意大利弗留利地区的葡萄品种。用于酿造酒体轻盈、口味清爽的葡萄酒。也可用于酿造带有热带水果味、浓缩风味充盈的葡萄酒。在智利有一种说法认为，被混同于长相思的赤霞珠与弗留利属于同一品种。

味 ｜ 微辣
酸味温和，酒体轻盈，口味清爽。

香
蜂蜜与馥郁的花香，以及杏仁般的芬芳。

代表酒款

写里奥弗留利龙科·布兰奇白葡萄酒

特雷比奥罗
Trebbiano

虽然这是意大利种植面积最广的白葡萄品种，但各地又存在各种各样的亚种，主要包括艾米利亚-罗马涅大区种植的罗马涅特雷比奥罗、阿布鲁佐大区种植的阿布鲁佐特雷比奥罗。特雷比奥罗在法国被称为"Ugni Blanc"（白玉霓），是种植面积最大的葡萄品种。

味 ｜ 辣
带有强烈的酸味，新鲜水果风味。

香
散发新鲜水果的芳香。

代表酒款
泰利帝爵酒庄特雷比奥罗干白葡萄酒

米勒-图高
Müller-Thurgau

这是德国盖森海姆大学的米勒·赫尔曼博士于1882年，将雷司令和西万尼杂交培育出的品种。"图高"来自进行杂交试验的瑞士图高州。米勒-图高被用于酿制德国最受欢迎的出口白葡萄酒——圣母之乳。

味 ｜ 微甜主体
微甜的水果味。甜味葡萄酒风评甚佳。

香
散发麝香葡萄般的芳香。

代表酒款
卡尔滕米勒-图高白葡萄酒

饮食手帐 — 葡萄酒

No.2 葡萄酒的周边环境 处于持续不断的变化中

葡萄酒周边的环境一直处于持续不断的变化之中。

时至今日，这种变化仍在加速。

精选当下最值得关注的20个国家

在此，我们跳出了常识的窠臼，倾听来自葡萄酒行业、饮食行业、商社、物流相关公司等方方面面的声音，挑选了20个国家加以介绍。也许下一个美好的邂逅，正隐藏在它们之中？

❶ 法国	❻ 新西兰	⓫ 匈牙利	⓰ 罗马尼亚
❷ 意大利	❼ 日本	⓬ 泰国	⓱ 巴西
❸ 德国	❽ 智利	⓭ 格鲁吉亚	⓲ 以色列
❹ 西班牙	❾ 南非	⓮ 加拿大	⓳ 中国
❺ 澳大利亚	❿ 美国	⓯ 摩尔多瓦	⓴ 黎巴嫩

单人全年葡萄酒消费量排行榜（2014年）※世界平均值3.65		
	国名	产量（千升）
no.1	克罗地亚	44.20
no.2	斯洛文尼亚	44.07
no.3	法国	42.51
no.4	葡萄牙	41.74
no.5	西班牙	40.49
no.6	马其顿地区	40.41
no.7	摩尔多瓦	34.18
no.8	意大利	33.30
no.9	澳大利亚	30.66
no.10	乌拉圭	29.19
⋮		
no.76	日本	2.73

※ 人口低于10万的国家与地区除外
©Trade Data And Analysis（TDA）

卡洛斯·戈恩在黎巴嫩经营酒庄？！

日产汽车公司前董事长卡洛斯·戈恩在幼年生活过的黎巴嫩投资酒庄的新闻，也昭示着葡萄酒行业的变化。

全年葡萄酒产量排行榜（2014年）※基于所有57国的数据		
	国名	产量（千升）
no.1	法国	4,670,100
no.2	意大利	4,473,900
no.3	西班牙	3,820,400
no.4	美国	3,021,400
no.5	阿根廷	1,519,700
no.6	澳大利亚	1,200,000
no.7	南非	1,117,800
no.8	中国	1,117,800
no.9	智利	1,050,000
no.10	德国	849,300
⋮		
no.38	日本	0.29

©Trade Data And Analysis（TDA）

葡萄园面积排行榜（2014年）※基于所有81国的数据		
	国名	面积（千英亩）
no.1	西班牙	2,340
no.2	中国	1,974
no.3	法国	1,876
no.4	意大利	1,705
no.5	土耳其	1,240
no.6	美国	1,035
no.7	阿根廷	552
no.8	智利	521
no.9	伊朗	507
no.10	葡萄牙	444
⋮		
no.40	日本	2.73

©Trade Data And Analysis（TDA）

通过数据
预测葡萄酒的未来

在本页中，首先请浏览上部的"葡萄园面积排行榜"。从这些数据中，各位可以了解到每个国家葡萄园的占地面积。排名第一的是西班牙，中国次之，法国位居第三。2011年之后，法国的葡萄园面积便不再减少。与此相反，中国的葡萄园面积则从2011年起增加了135倍。

其次，请各位注意产量排行榜。葡萄酒产量世界前三强分别是法国、意大利、西班牙。这里值得注意的，是在全世界生产的葡萄酒中占据前10位的国家的比率。这个比率实际上是67.9%，也就是说排名前10位的国家，为全球提供了近7成的葡萄酒。在过去，固定水准的产量限制了海外出口。现在那些未入列排行榜的国家，据说也开始向其他国家看齐，开始在国内培育适合种植葡萄的环境。

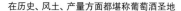

在历史、风土、产量方面都堪称葡萄酒圣地

法国
France

北自香槟区，南至普罗旺斯，葡萄园遍布法国全境。
每个地区的气候都各有特点，葡萄酒的风味多种多样，其中个性独具的也不在少数。

**严守规范的法国
顶级葡萄酒的宝库**

除了葡萄园的面积、葡萄酒的产量堪称翘楚之外，法国还保持着葡萄酒大国的实力和地位。除西北部各地区之外，葡萄酒产地还遍及法国全境。公元前600年前后，古希腊城邦福西亚的居民在今天的马赛周边修筑了殖民地。与此同时，葡萄也被带来此地，这便是葡萄种植在法国遍地开花的发端。

以出产高级葡萄酒而驰名世界的波尔多、勃艮第及香槟大区为首，法国各地陆续开始酿造优质葡萄酒。20世纪30年代，在实施产地保护的同时还制定了严格的葡萄酒法，这些措施将法国带上了葡萄酒大国的康庄大道。

西南地区
SUD-OUEST

从波尔多东侧至与西班牙接壤处，直至庇里牛斯山脉一带，分布着许多产地。以卡奥尔地区出产的马尔贝克为主要品种，酿出的葡萄酒单宁含量丰富。

波尔多
BORDEAUX

出产经过长期熟成的高级红葡萄酒。近年来，辣味白葡萄酒的品质有所提高，味道极甜的贵腐葡萄酒也名声高企。以多品种混酿的葡萄酒为主体。

种植面积		
约75万9000公顷（世界排名第3）		
年产量		
约4670万百升（世界排名第1）		
主要品种		
红/赤霞珠、品丽珠、梅鹿辄 白/长相思、赛美蓉、密斯卡岱		

数据来源/Trade Data And Analysis（TDA）

法国葡萄酒饮用说明

依据葡萄酒法的规定，酒标必须遵循一定的规则加以标注。因此，通过学习酒标可浏览一款葡萄酒的全貌。

① 葡萄酒名（AOC名）
地域名、地区名、村名、葡萄园名标注得越精确，葡萄酒越高级。

② 原产地名称保护制度标识
AOC的名称加在"Appellation"与"Control"之间。

③ 酒庄（酿酒厂）名

④ 容量

⑤ 酒精度数

⑥ 酒庄所在地

⑦ 酿造年份

⑧ 产地

⑨ 灌装商
此标签表示此酒为原酒庄装瓶。

"葡萄屋"的推荐列表中，精选了来自世界各地的葡萄酒

常年陈列在葡萄酒专卖店"葡萄屋"中的葡萄酒，其品牌均来自鲜为人知的产地。葡萄屋的法人草壁先生，从每个国家值得关注的葡萄酒品牌分别选出一个，便有了店中这20款精品。

葡萄屋 法人/品酒师 草壁克彦

葡萄酒专卖店法人，店中出售的葡萄酒来自44个国家。不少品牌的产地在日本尚不为人所知。

档案
葡萄屋 关内店

地址/神奈川县横滨市中区万代町1-2-8
☎ 045-319-4332
营业时间/12:00—20:00（周六11:30—）
http://www.budouya.jp/
（网店）

勃艮第
BOURGOGNE

高级红、白葡萄酒的著名产地，以单一品种葡萄酒酿制为主。使用黑皮诺酿制的红葡萄酒香味丰富，而白葡萄酒多使用霞多丽。

④

汝拉&萨瓦
JURA & SAVOIE

除了勃艮第风味的红、白葡萄酒之外，还使用本地品种萨瓦涅酿制葡萄酒，以及生产黄葡萄酒——一种雪莉酒风味的葡萄酒，消费群体基本锁定游客。

普罗旺斯科西嘉岛
PROVENCE & CORSE

受惠于地中海气候，此地盛产桃红葡萄酒。使用歌海娜、神索酿造的桃红葡萄酒，口味清爽，果味浓厚。

卢瓦河
VAL DE LOIRE

虽不及波尔多、勃艮第那样盛产知名的葡萄酒，卢瓦河流域却也有不少品牌为人所称道，且在AOC白葡萄酒的产量上，此地可谓常胜将军。

> 葡萄屋推荐

法国波尔多

巍都堡家族
珍藏干红葡萄酒

Ch.Le Grand Verdus Grande Reserve

▶ 酒庄：巍都堡酒庄
▶ 葡萄品种：梅鹿辄90%、赤霞珠10%
▶ 容量：750毫升
▶ 价格：3,180日元

葡萄酒大国的酿酒圣地孕育出饱满的酒体与风味

此款酒曾在波尔多-阿基坦葡萄酒大赛中斩获金奖。按照波尔多的规定，AOC葡萄酒必须使用2种以上的葡萄进行混酿。经受过24～26个月熟成的木桶所带来的煎烤香，以及酵母般的独特香味，都是此酒的特色。

实力与法国抗衡, 如有天助的葡萄酒大国

意大利

Italy

意大利拥有得天独厚的, 适宜种植葡萄的气候和土壤条件。
虽然产量有所下降, 但因葡萄酒与历史悠久的饮食文化紧密关联, 葡萄的需求量仍然很大。

不同风土造就不同品种,
是意大利葡萄酒的魅力所在

别称 "Enotria (葡萄酒之国)" 的意大利, 拥有得天独厚、适宜种植葡萄的土地。全国20个大区均有葡萄酒出产。

意大利的气候、风土多样, 以此造就了品种丰富的葡萄, 仅国家认可的

品种便超过380种。同时, 意大利还制定了DOCG、DOC等严格的葡萄酒等级制度和规范。意大利葡萄酒在世界市场上获得今日这般显赫的地位, 只用了短短20年时间。在只求满足意大利国内需求的时代, 他们认为若要追求酒香和余韵, 大可选择法国葡萄酒。但这一观念业已发生变革。

艾米利亚-罗马涅大区
EMILIA-ROMAGNA

北接波河, 南挟亚平宁山脉, 以出产优质的蓝布鲁斯科葡萄而驰名。

皮埃蒙特大区
PIEMONTE

此地值得人们关注的原因, 在于其陆续产出了 "巴罗洛" "巴巴莱斯克" 等DOCG品牌葡萄酒。

威内托大区
VENETO

此地的瓦波利切拉干红葡萄酒等虽供人们日常饮用, 但生产者对品质的把控丝毫未曾松懈。也出产阿玛罗尼干红葡萄酒。

伦巴第大区
LOMBARDIA

葡萄产量虽不如与之毗邻的地区, 但古罗马时代便开始酿造葡萄酒的历史, 使其在品质方面远超其他地区。

种植面积
约69万公顷 (世界排名第4)
年产量
约4474万百升 (世界排名第2)
主要品种
红/桑娇维塞、内比奥罗、艾格尼科、巴贝拉 白/特雷比奥罗、白莫斯卡托、特雷比奥罗

数据来源/Trade Data And Analysis (TDA)

意大利葡萄酒饮用说明

1963年，意大利按照4个等级，从顶级葡萄酒至普通葡萄酒进行分类。这一标准作为甄选葡萄酒的通用标准普及到全世界。

从东出发进入内陆，地势转为平坦的丘陵，西部面朝第勒尼安海与山脉。这片土地不仅酿造优质葡萄酒，还是种植橄榄的宝地。此地夏凉冬暖的气候也是种植葡萄的适宜条件。

被列入DOCG（保证法定产区葡萄酒）的葡萄酒，红葡萄酒贴紫色标签，白葡萄酒贴黄绿色标签。后续又制定了DOC（法定产区葡萄酒）、IGT（典型产区葡萄酒）、VdT（普通葡萄酒）。

 卡帕尼亚产区
CAMPANIA

此地的图拉斯葡萄酒需要一定时日的熟成，方才有缘品尝其最美的味。此外还出产菲亚诺、格雷克、法兰吉娜等葡萄酒。

 西西里岛
SICILIA

位于意大利南部的西西里岛，特产强化葡萄酒玛莎拉。普通型葡萄酒黑珍珠也很有名。

 托斯卡纳大区
TOSCANA

除了传统型葡萄酒之外，沿海的马雷玛也出产大量使用赤霞珠、梅鹿辄等葡萄酿造的国际品种葡萄酒。

葡萄屋推荐

意大利/托斯卡纳大区

麓鹊
LUCENTE

- ▶ 酒庄：麓鹊酒庄
- ▶ 葡萄品种：梅鹿辄75%、桑娇维塞25%
- ▶ 容量：750毫升
- ▶ 价格：5,940日元

以本地品种葡萄酿酒
支援意大利饮食文化

作为世界上最大的葡萄品种大国，意大利本地出产的葡萄超过1,000种。此款酒口味柔和、清爽，适合搭配羔羊等高级料理饮用。是令意大利葡萄酒爱好者都为之垂涎的，很有特点的酒款。

严酷气候条件下浓缩的精华

德国

Germany

气候严寒的德国,葡萄酒生产主要集中在南部。

自古以来便以生产甜味葡萄酒而著称,但近年来辣味葡萄酒却在世界排行榜上一步步向上攀升。

摆脱"甜"的印象,全球产量第10的老字号生产国

口感高贵的甜食酒一直是葡萄酒界的明星,近年来适合佐餐的辣味酒产量也不小。雷司令是占德国葡萄种植面积6成的代表性品种。在德语酒标中,"trocken"代表干型,"Halbtrocken"为微辣,建议不喜甜味的人士饮用。

种植面积
10万2000公顷(世界排名第18)

年产量
约849万百升(世界排名第10)

主要品种
红/德国黑皮诺、特罗灵格 白/雷司令、西万尼、米勒-图高、鲁兰德

数据来源/Trade Data And Analysis(TDA)

葡萄屋推荐

德国莱茵高

霍海默维多利亚雷司令高级干白葡萄酒
Riesling Q.b.A.trocken

Hochheimer Koniging-Victoriaberg
Riesling Q.b.A.trocken

> 酒庄:乔杰姆酒庄
> 葡萄品种:雷司令
> 容量:750毫升
> 价格:2,580日元

印在标签上的大英帝国徽章是曾得维多利亚女王钟爱的明证

乔杰姆酒庄700多年如一日,坚持生产高品质美酒,同时导入现代化生产工艺。此酒便是传统和现代结合的产物。据说当年维多利亚女王访问此地时为其着迷,故而亲赐酒名。它味辣,有着柑橘类的清爽香味,入口顺滑,具有矿物质感。

❶
阿尔河谷
AHR
阿尔河谷中下游地区散布着不少葡萄园,种植品种以黑皮诺为多,雷司令也有少量种植。

❷
中部莱茵
MITTELRHEIN
多有在斜坡上开辟的葡萄园,有些陡坡的斜度竟达60度。雷司令的种植量巨大。

❸
那赫
NAHE
唯一的葡萄酒子产区,北部出产的葡萄酒口味柔和,南部出产的葡萄酒口感上乘、气味芬芳。

❹
萨勒-温斯图特
SAALE-UNSTRUT
日照时间长,葡萄园及酒窖对葡萄酒品质严格把控,所酿葡萄酒口感纤细,带有水果味。

爱好葡萄酒，钟情酒吧文化的国家

西班牙

Spain

在熟成过程中发现价值的产地，许多葡萄酒经过长期熟成变得口味醇厚。

经年熟成，轻松享用

西班牙葡萄酒的特点就是经年熟成，酒质醇厚。熟成分为三个阶段，酒标和酒瓶内侧均有标注。具有代表性的丹魂葡萄，酸味与果味之间达到平衡，与黑皮诺有诸多相似之处。

种植面积
约94万7000公顷（世界排名第1）
年产量
约3820万百升（世界排名第3）
主要品种
红/丹魄、歌海娜、格拉西亚诺 白/维奥娜、白歌海娜、霞多丽

数据来源/Trade Data And Analysis（TDA）

葡萄屋推荐

西班牙/DO卡拉塔尤德

博瑞卡干红葡萄酒

Breca

- ▶ **酒庄：** 博瑞卡酒庄
- ▶ **葡萄品种：** 歌海娜老树
- ▶ **容量：** 750毫升
- ▶ **价格：** 2,490日元

**采自老树葡萄，
浓缩美味于厚重酒体**

西班牙也盛产有机葡萄酒，其中值得推荐的是酒体厚重的红葡萄酒。此款酒所用的葡萄采自歌海娜老树，从中可品出黑莓、梅子般芳醇的果实味道。酸味沉稳，余韵悠长。派克采点91（Parker Point，简称PP）。

里奥哈产区

RIOJA

位于西班牙北部，与其他地区相比，气候冬暖夏凉。盛产歌海娜等个性丰富的葡萄酒。

瓜迪亚纳河岸产区

RIBERA DEL GUADEANA

1998年成为法定DO产区。夏季酷热，冬季严寒，雨量小。白葡萄有帕迪纳，红葡萄有歌海娜、丹魄等。

贝克萨产区

RIAS BAIXAS

1988年获得原产地名称保护（DO）。在3000公顷左右的葡萄种植面积中，阿尔巴里诺品种约占90%。

拉曼恰产区

LA MANCHA

此地冬季寒冷，夏季炎热，属于大陆性气候。葡萄酒产量占西班牙国内的1/3，已具备了相当的出口能力。

饮食手帐 — 葡萄酒

葡萄酒的无限可能蕴藏于此

澳大利亚

Australia

酿造工艺不拘一格，从独特的品种混调中不断发现新的美味。

不一样的风土
酿造个性各异的葡萄酒

　　澳大利亚葡萄酒类型多样，魅力独具。国土面积超过整个欧洲的面积，因此而拥有各种各样的土壤和气候，是造就个性葡萄酒的有利条件。澳洲葡萄酒的一大特点是，酒瓶都使用螺旋盖，如此既可避免酒中带有软木塞味，又可避免污染。

种植面积
约13万8000公顷（世界排名第12）
年产量
约1200万百升（世界排名第6）
主要品种
红/赤霞珠、西拉、黑皮诺 白/霞多丽、长相思、雷司令

数据来源/Trade Data And Analysis（TDA）

葡萄屋推荐

澳大利亚巴罗萨谷

洛克福篮式
压榨西拉红葡萄酒

ROCKFORD BasketPress Shiraz

▶ **酒庄：** 洛克福酒庄
▶ **葡萄品种：** 西拉
▶ **容量：** 750毫升
▶ **价格：** 6,980日元

优质西拉干红葡萄酒桂冠上的宝石

在澳洲的旗帜性酒庄洛克福酒庄中，此款酒历史悠久，是名门酒庄的代表酒款。从15个酿酒葡萄园采收到的西拉葡萄中精选最优质的部分，施以传统酿造方法，造就出酒力强劲，酒质优雅的佳酿。

❶

昆士兰州
QUEENSLAND

在绵长历史中发展而来，今天拥有的葡萄园已逾1,500公顷，是澳大利亚首屈一指的葡萄酒产地。

❷

西澳大利亚州
Western Auatralia

出产的葡萄酒酒质优雅、沉静，在新世界葡萄酒中也属鲜见。玛格丽特河谷酿造的葡萄酒广受欢迎，其中又以卡本内为佳。

❸

维多利亚州
VICTORIA

拥有广袤的森林、众多的岩洞和湖泊，素有"花园之州"的美称，被称为"澳洲缩影"，农业以葡萄为主。

❹

南澳大利亚州
SOUTH AUSTRALIA

简称澳州，昵称"节日之州"，有着独特的地理环境以及丰富的动植物生态，是澳大利亚知名的葡萄酒产地。

为主要品种赋予新个性

新西兰
New Zealand

曾经的葡萄酒产地后起之秀，土壤肥沃、气候温暖，
在世界舞台上掀起新的葡萄酒热潮，至今仍声势不衰，拥趸遍及全世界。

以浓烈而丰润的酒香
赢得"新兴葡萄酒王国"之称

　　新西兰是新兴的葡萄酒王国。在谈到新西兰的葡萄酒时，长相思是不可不提的葡萄品种。原本用于酿造白葡萄酒的长相思，如果生长在土壤肥沃、气候温暖的新西兰，那如嫩叶般的香气便会摇身一变，成为甘美的酒香。

种植面积	
约3万5000公顷（世界排名第32）	
年产量	
约320万百升（世界排名第15）	
主要品种	
红/黑皮诺、梅鹿辄、西拉 白/长相思、灰比诺、雷司令	

数据来源/Trade Data And Analysis（TDA）

── 葡萄屋推荐 ──

新西兰·马尔堡地区

星盘
Astrolabe

▶酒庄：星盘酒庄
▶葡萄品种：雷司令
▶容量：750毫升
▶价格：2,280日元

新西兰实力派发布的
著名"梦幻"之作

此款酒由克本斯酒庄、白天堂酒庄的著名葡萄酒酿造商西蒙·韦格霍恩，偕同其夫人简·福瑞斯特于1996年共同创立。此酒并不会出现在大型商超，而仅供应部分独立的零售店销售，拥有狂热的拥趸。

①
奥克兰地区
AUCKLAND
此地气候温暖、湿度高，无论是赤霞珠、梅鹿辄，还是波尔多型红葡萄酒都多有酿造。

②
霍克斯湾
HAWKE'S BAY
此地种植霞多丽、赤霞珠、梅鹿辄、黑皮诺等，现存国内最古老的酒庄。

③
吉斯伯恩地区
GISBORNE
这是世界上最早迎接日出的城市，也是位于世界最东端的葡萄酒产地。半数以上的葡萄种植地栽培的是霞多丽。

④
马尔堡区
MARLBOROUGH
这里充满了山峰和溪流，常常让游客惊叹不已。这里还是新西兰最大的葡萄产区和葡萄酒产区。

品质逐年急速上升！用眼睛和舌头来感受这非凡实力

日本

Japan

日本葡萄酒正在引起海外著名评论家的兴趣。
随着2020年东京奥林匹克运动会的举办，必将获得更多注目。

从近在咫尺的国产葡萄酒中
享用不同的口味

根据日本葡萄酒标签规则，即便是100%使用进口原料，只要在日本酿造便被认定为国产葡萄酒。但长野县却执行当地独有的原产地名称保护制度"长野AOC"，近年来这一趋势正在逐渐扩大。除山梨甲州之外，北海道、山形、九州等地区也在生产葡萄酒。

种植面积
约1万7000公顷（世界排名第40）
年产量
约82万百升（世界排名第28）
主要品种
红/梅鹿辄、赤霞珠、黑甲斐（Kai Noir）、清见 白/霞多丽、西贝尔、雷司令狮子、信浓雷司令

数据来源/Trade Data And Analysis (TDA)

葡萄屋推荐

日本·甲州

甲州白葡萄酒
GRACE GRIS DE KOSHU

❯ 酒庄：中央葡萄酒
❯ 葡萄品种：甲州种
❯ 容量：750毫升
❯ 价格：1,944日元

**穷尽土地自身的个性，
号称国产第一品牌的甲州品种**

"甲州葡萄甲日本"。这是日本本土的酿酒葡萄品种，酸度很高，在其他国家也属少有。比白葡萄之王霞多丽拥有更加清爽的味道。清凉口感有如青苹果和酸橙，香味浓厚。

 山梨县
YAMANASHI

日本最大的葡萄酒产地，产量占据日本国内市场份额的⅓。仅甲州市胜沼町一地，便拥有30多家酒庄。

 长野县
NAGANO

以山梨的甲州等国产品种为主，而长野则侧重于使用海外品种酿造葡萄酒。

 山梨县
YAMAGATA

县内的酒庄超过10家，年轻酿酒师的实力不容小觑。酿酒原料葡萄品质优良，足可供给大型酒庄。

 北海道
HOKKAIDO

近年来，在与北海道气候相近的德国出产的葡萄品种（如肯纳）越来越受关注。此地葡萄园面积广大，也是一大特点。

新世界葡萄酒中性价比最高

智利

Chili

智利的极端气候减少了病虫害，使用这种环境下生长的葡萄酿酒，保留了葡萄本身的特性。
因无征收关税之虞，在日本也可有幸品尝价平质优的智利葡萄酒。

巨大的温差
孕育出酸味馥郁的葡萄

　　智利领土四面为自然要塞所包围，不存在葡萄根瘤蚜，因此至今仍采取葡萄自根栽培。这种方法在全世界都很罕见，智利也因可以品尝到葡萄纯品种的特性而吸引着世界的目光。

种植面积
约21万1000公顷（世界排名第8）
年产量
约1050万百升（世界排名第9）
主要品种
红/梅鹿辄、赤霞珠、佳美娜、马尔贝克 白/赛美蓉、长相思、霞多丽

数据来源/Trade Data And Analysis（TDA）

【 葡萄屋推荐 】

智利·迈波谷

阿基塔尼亚 赤霞珠特酿

Aquitania

▶**酒庄：** 百子莲酒庄
▶**葡萄品种：** 赤霞珠
▶**容量：** 750毫升
▶**价格：** 1,920日元

引进欧美的酿造技术实现高性价比的智利赤霞珠

此款酒由爱士图尔庄园、玛歌酒庄的负责人亲身参与酿制。众所周知，进入本世纪之后，法国的大房地产商开始开疆拓土以作葡萄酒产地，及至90年代后半期在智利掀起葡萄酒热潮。

❶
科金博大区
COQUIMBO
在圣地亚哥以北400公里左右的利马里谷，分布着大片适合栽培名品种葡萄的土地。

❷
空加瓜谷
ACONCAGUA
大量酿造赤霞珠、梅鹿辄等红葡萄酒品种的地区，分布在首都圣地亚哥西部一带。

❸
中央山谷地区
CENTRAL VALLEY
空加瓜谷等地是当今智利最生机勃勃的葡萄酒产地。在丘陵地带上栽种的卡本内、西拉等都是知名品种。

❹
南部地区
SOUTHLAND
智利国土南北狭长，其中南部地区在地图上看起来也偏北。南部种植法国品种葡萄的历史悠久，甚至可追溯至1870年。近年来着力于生产西拉葡萄。

035

获奖经历丰富，真正实力派

南非

South Afica

种族隔离之后启动的南非葡萄酒酿造，品质持续提升，直在赢得全球的青睐。

品质逐年成熟

1994年，种族隔离制度被废除。自那之后，南非便开始走上葡萄酒大国之路，以出产名品种单一葡萄酒为首，种植本地品种皮诺塔吉、康斯坦提亚，以及其他高端葡萄。

种植面积
约12万7000公顷（世界排名第13）
年产量
约1132万百升（世界排名第7）
主要品种
红/赤霞珠、西拉、皮诺塔吉 白/白诗南、霞多丽、苏维翁

数据来源/Trade Data And Analysis（TDA）

―――――（ 葡萄屋推荐 ）―――――

南非开普敦

南品雅红勋章干红

Naipier Red Medallion

❯ **酒庄：**巍都堡酒庄
❯ **葡萄品种：**梅鹿辄90%、赤霞珠10%
❯ **容量：**750毫升
❯ **价格：**3,180日元

5种葡萄混调而成
口味似法国波尔多葡萄酒

南非气候高温、湿润，每年从3月至葡萄采收期间降雨量小，现已是重要的葡萄酒产地。此款酒以与16年、20年的波尔多相同的5种葡萄为原料，黑莓等黑色果实，黑巧克力、香草风味在口腔中蔓延的感觉令人陶醉。

西开普省
WESTERN CAPE

此地是南非葡萄酒产业的中心地。历史上主要生产低价葡萄酒，现在则以酿造赤霞珠、西拉葡萄酒为主。

货真价实的实力派，从"休闲"到"收藏"之路

美国

United States

当今美国的葡萄酒产量已攀升至世界第4，是新世界葡萄酒的代表。
产量的90%来自加利福尼亚州，现有逐渐扩散至其他地区之势。

获得葡萄酒大国的荣誉指日可待？

美国全部50个州都在酿造葡萄酒，但唯有加利福尼亚州的葡萄酒行业实现了商业化。华盛顿、俄勒冈、纽约3个州的实力也在提高，因此美国成为葡萄酒大国的条件也在逐渐成熟中。

种植面积
约41万9000公顷（世界排名第6）
年产量
约3021万百升（世界排名第4）
主要品种
红/赤霞珠、梅鹿辄、仙粉黛 白/霞多丽、苏维翁、维欧尼

数据来源/Trade Data And Analysis（TDA）

饮食手帐

——

葡萄酒

葡萄屋推荐

美国纳帕谷

佳慕赤霞珠干红葡萄酒

Caymus Vineyard

▶ **酒庄：** 佳慕酒庄
▶ **葡萄品种：** 赤霞珠
▶ **容量：** 750毫升
▶ **价格：** 9,980日元

新世界最优秀的葡萄酒
纳帕谷引以为豪的酒款

此款酒的特点在于熟透的赤霞珠那厚重的风味。纳帕谷是加利福尼亚的最高峰，在1976年举办的法国盲品评审大会中获奖，引发了业界的关注。

 1

纽约州
NEW YORK

此地种植霞多丽、赤霞珠、梅鹿辄等品种。长岛地区出产优质的佐餐葡萄酒。

 2

华盛顿州
WASHINGTON

跨越喀斯喀特山脉的东部半沙漠地带，是葡萄产地，主要品种为霞多丽、梅鹿辄、雷司令。

3

俄勒冈州
OREGON

俄勒冈州被誉为"新世界黑皮诺的乐园"。若论白葡萄酒，此地是灰皮诺而非霞多丽的名产地。

 4

加利福尼亚州
CALIFORNIA

加州出产的葡萄酒在全美占据着无可争议的翘楚地位，每个产地都有着个性独具的品种。

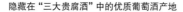
隐藏在"三大贵腐酒"中的优质葡萄酒产地

匈牙利
Hungary

提起匈牙利，便不由得联想起贵腐葡萄酒。
对甜味葡萄酒的向往，使匈牙利在漫长的葡萄酒发展史中，不断地拓宽想象的边界。

本色匈牙利葡萄酒中亦有辣味

  提起世界三大贵腐葡萄酒，我们脑海中便会闪过托卡伊阿苏精华贵腐酒的名字。实际上，匈牙利的葡萄酒可不止贵腐葡萄酒一种。许多日本人可能并不了解，匈牙利有22个地区出产高品质的葡萄酒，但在国际上却享有很高的知名度。

种植面积
约69万公顷（世界排名第20）
年产量
约294万百升（世界排名第16）
主要品种
红/基科波图、茨威格、品丽珠 白/伊尔塞奥利维、奥托内尔麝香

数据来源/Trade Data And Analysis（TDA）

［ 葡萄屋推荐 ］

匈牙利托卡伊阿苏

托卡伊阿苏5筐
贵腐甜白葡萄酒

Puttonyos Tokaji Aazu 5

▶ **酒庄：** 帕提修酒庄
▶ **葡萄品种：**
富尔民特70%、哈斯莱威路30%
▶ **容量：** 550毫升
▶ **价格：** 4,800日元

被誉为"葡萄酒之王"的世界三大贵腐葡萄酒之一

此酒以托卡伊的传统手法酿造，甜味浓厚而细腻是其一大特点，深得路易十四的喜爱。"筐（Puttonyos）"是衡量葡萄酒糖分的单位，数字越大，代表葡萄酒糖度越高，酒体越强。贵腐葡萄酒特有的复杂口味，以及富有层次感的味道，使之丝毫无愧于"葡萄酒之王"的美誉。

---

❶
托卡伊奥茨马德里产区
TOKAJ-HEGYALJA
在匈牙利葡萄酒产区中，此地的地理位置最靠北，是托卡伊-阿苏的产地，具备最适合贵腐葡萄种植的地理环境。

❷
外多瑙北部地区
NORTH TRANSDANUBIA
此地降水量大，冬天气候稳定。修道院林立，环境静谧。葡萄酒产量中，白葡萄酒占据大半。

❸
外多瑙河南部地区
SOUTH TRANSDANUBIA
位于匈牙利第四大城市佩奇周边，平缓的梅丘克山地的南面斜坡被用于栽种葡萄。

❹
北匈牙利地区
NORTH HUNGARY
此地主要生产的葡萄，曾经主要用于酿造红葡萄酒，现在则以酿造白葡萄酒所用葡萄为主。其中以奥托内尔麝香为最优品种。

在其所处纬度上首个出现的新世界后起之秀

泰国
Thailand

泰国出产葡萄酒或许是件不可思议之事。
泰国的气候本不适宜种植葡萄，然而科学却使之成为可能。

崭新的葡萄酒之门已打开！

　　"New Latitude Wine"（新纬度葡萄酒）作为新世界葡萄酒中的新生力量，为当今世界所瞩目。今天，热带国家泰国在其所处的纬度上，前所未有地酿造出葡萄酒，成为新纬度地区葡萄酒产地中的代表。

种植面积

约4400公顷（世界排名第64）

年产量

未知

主要品种

红/波克德穆、西拉
白/白马拉加、白诗南

数据来源/Trade Data And Analysis（TDA）

葡萄屋推荐

泰国华欣

季风谷
Monsson Valley

▶ **酒庄：**暹罗酒庄
▶ **葡萄品种：**富白马拉加90%、鸽笼白10%
▶ **容量：**750毫升
▶ **价格：**1,400日元

来自新纬度产区泰国的葡萄酒在日本国内物以稀为贵

葡萄酒产区通常都处在传统的纬度（30°—50°）上，而在这之外的纬度生产的葡萄酒被称为"新纬度葡萄酒"。暹罗酒庄位于凉爽的国家公园，使地处热带的泰国也有条件生产葡萄酒。此款酒口感轻快，略带酸味，派克采点达86，是一款精品葡萄酒。

黎府

LOEI

此地能够种植葡萄，全拜长年科学研究所所赐。葡萄酒业界对此地也寄予了很高的期待。

葡萄酒发源地富于多样性

格鲁吉亚

Georgia

格鲁吉亚是举世瞩目的葡萄酒发源地，葡萄酒制造始于8000年前。

入选UNESCO
一时引得街谈巷议

　　格鲁吉亚使用陶罐酿酒法酿造的葡萄酒，于2013年被收入UNESCO世界非物质文化遗产名录。这为格鲁吉亚葡萄酒带来了一波关注。被划分为7个部分的地区各有独具个性的酒款，作为葡萄酒发源地，格鲁吉亚葡萄酒的多样性是世界瞩目的焦点。

种植面积
约6万6000公顷（世界排名第22）
年产量
约98万百升（世界排名第25）
主要品种
红/萨佩丽、萨布莱、萨别拉维 白/琴纳里、白羽、莫次瓦尼

数据来源/Trade Data And Analysis（TDA）

葡萄屋推荐

格鲁吉亚东部、卡赫季州、克瓦雷利地区

金兹玛拉乌利干红葡萄酒

Kindzmarauli

▶ **酒庄**：金兹玛拉乌利酒庄
▶ **葡萄品种**：萨别拉维
▶ **容量**：750毫升
▶ **价格**：3,080日元

斯大林心爱的葡萄酒
颜色淡白，但口味浓厚

此款酒所用的葡萄，自古以来仅在此地栽种，果实本身便具有独特的风味，深得斯大林的喜爱。此外，赴克里米亚半岛参加雅尔塔会议的时任英国首相温斯顿·丘吉尔也对其赞不绝口。此酒与俄罗斯料理亦可搭配出绝妙口感。

伊梅列季州

IMERUTI

这里既有厂家使用陶罐酿酒法，一种被列入UNESCO（联合国教科文组织）世界非物质文化遗产名录的酿酒法，也有厂家使用现代酿造工艺。

卡赫季州

KAKHETI

格鲁吉亚葡萄酒产量中，有70%来自卡赫季州。萨别拉维、白羽、莫次瓦尼都是此地的品种。

生产优质葡萄酒，却养在深闺人不识

加拿大

Canada

提起加拿大，想必浮现在各位脑海中的，是一个天寒地冻的国家，
并不具备酿造葡萄酒的条件。然而事实果真如此吗？

理解关键词

"纬度"与"家族经营"

提起加拿大，人们一般会认为该国的长寒气候不适宜酿造葡萄酒，然而承包了大部分葡萄酒产量的安大略省和不列颠哥伦比亚省，与欧洲名酒产地处在不同的纬度上，因此能够酿造出优质好酒。但遗憾的是，这些酒庄基本都属于家族经营，很难在市场上打开销路。

种植面积
约1万2000公顷（世界排名第51）
年产量
约69万百升（世界排名第32）
主要品种
红/赤霞珠、品丽珠、梅鹿辄
白/长相思、赛美蓉、密斯卡岱

数据来源/Trade Data And Analysis（TDA）

葡萄屋推荐

加拿大安大略省
尼亚加拉半岛

汉德酒庄尼亚加拉雷司令干白葡萄酒

Hernder Naiagara Riesling

▶酒庄：汉德酒庄
▶葡萄品种：雷司令
▶容量：750毫升
▶价格：1,750日元

**造就加拿大葡萄酒文化
传承三代的葡萄酒**

生产此款酒的是历史悠久的酿酒家族，在尼亚加拉产区中心拥有自营的葡萄园，时至今日仍是加拿大葡萄酒界的先锋。此款酒拥有熟透的苹果般的甜，菠萝的芳香，以及清爽的酸橙风味。

不列颠哥伦比亚省

BRITISH COLUMBIA

西密卡米恩谷，以及南北长160公里的欧肯那根谷环境险恶，却出产优质的葡萄酒。

安大略省

ONTARIO

安大略省有加拿大最大的产区"尼亚加拉半岛"，以及古老的"皮利岛酒庄"。

拥有5000年葡萄酒酿造历史的地方

摩尔多瓦
Moldova

拥有超长葡萄酒酿造史，可谓葡萄酒发祥之地的摩尔多瓦，如今变得怎样了？

葡萄酒竟是从摩尔多瓦的家庭中诞生的❓！

　　摩尔瓦多是葡萄酒的起源地，距今4000～5000年前，此地的家庭便开始自酿葡萄酒，并形成了今天葡萄酒的原型。如今，摩尔瓦多在酿造业人才培养、设备投资方面不遗余力，在实现现代化的同时，也在国际上斩获了不少奖项。

种植面积
约12万5000公顷（世界排名第14）
年产量
约242万百升（世界排名第18）
主要品种
红/黑姑娘、梅鹿辄、赤霞珠 白/长相思、霞多丽

数据来源/Trade Data And Analysis（TDA）

〔 葡萄屋推荐 〕

摩尔多瓦普嘉利村

普嘉利黑皮诺干红葡萄酒
PURCARI

> **酒庄：** 普嘉利酒庄
> **葡萄品种：** 黑皮诺
> **容量：** 750毫升
> **价格：** 2,880日元

令欧洲王室为之着迷
酸味与果味的双重魅惑

在1878年巴黎万国博览会上举办的葡萄酒盲评大赛中，普嘉利的红葡萄酒获得了金奖。这成为摩尔多瓦葡萄酒进入欧洲市场的敲门砖，也出现在了俄国沙皇尼古拉二世、英国国王乔治五世等王室成员的酒柜中。

❶
北部
NORTH

北部地区种植葡萄，是为了酿制白兰地、伏特加和冰葡萄酒。产自伯尔兹地区的葡萄特别受欢迎。

❷
中部
CENTRAL

在首都基希讷乌所处的中部地区以及科德鲁地区，种植白葡萄用于酿酒。

❸
东南部
SOUTHEAST

斯蒂芬·沃达以黑葡萄为主，在栽培本地品种上不遗余力。

❹
南部
SOUTH

南部称瓦卢特拉扬地区，该地区主要生产黑葡萄、

希腊神话中酒神"狄俄尼索斯"的诞生国

罗马尼亚

Romania

罗马尼亚拥有深远的葡萄酒历史, 葡萄种植面积经常位居全球前10,
遗憾的是2014年排名世界第11。

葡萄酒酿造历史逾千年
葡萄品种在全球独领风骚

　　罗马尼亚仅本地葡萄品种就超过1000种, 种植面积更是长居世界前十。葡萄酒酿造历史也很悠久, 除了本地品种之外, 罗马尼亚还大量种植当今世界上流行的葡萄品种, 足见作为葡萄酒大国的宽广胸怀。

种植面积
约17万5000公顷 (世界排名第11)
年产量
约511万百升 (世界排名第13)
主要品种
红/赤霞珠、布舒瑶克薄荷丁
白/塔马萨罗曼尼斯卡、白姑娘

数据来源/Trade Data And Analysis (TDA)

葡萄屋推荐

罗马尼亚巴纳特卡拉休路易城堡

孟谢尔酒庄加达卡红葡萄酒

Hernder Naiagara Riesling

▶**酒庄**: Monser (孟谢尔酒庄)
▶**葡萄品种**: 加达卡
▶**容量**: 750毫升
▶**价格**: 1,512日元

以酸味为主体, 糖分与酸度比例协调
畅饮无忧的罗马尼亚葡萄酒

这是一款既浪漫又有异国情调的葡萄酒, 酒中的酸樱桃酱和蓝莓的味道与酸味比例协调, 特别适合搭配地中海料理和东欧料理。正如酒标图案所描绘的, 这是一款畅饮无忧的美酒。

摩尔达维亚地区
MOLDAVIA
在与摩尔多瓦交界附近有多个DOC产区, 在罗马尼亚国内也是一个实力雄厚的地区。

特兰西瓦尼亚地区
TRASYLVANIA
拥有塔纳纳韦、塞比什、阿波尔德、阿尔巴尤利亚、阿尤德、莱钦特五大DOC产区。

❸
瓦拉几亚地区
WALLACHIA
此地气候适宜葡萄种植, 因此这一地区集中了罗马尼亚33个DOC产区。

多布罗贾地区
DOBROGEA
面朝黑海, 是罗马尼亚葡萄酒的著名产地, 穆尔法特拉、奥尔蒂纳是该地的两大DOC产区。

足球大国打入南美葡萄酒业界

巴西

Brizil

南美葡萄酒业界的传统大佬是智利和阿根廷，
而以"秩序与进步"为格言的巴西随后也加入了这股潮流。

以合作协会的形式，推动葡萄酒业界共同发展

　　智利、阿根廷等国是南美葡萄酒业界的大佬，而巴西葡萄酒行业的特点则是实行合作协会制度。虽然为数不多，但继著名的"极光"酒庄之后，凭借个人力量无法实现的葡萄酒酿造成为可能。也有在巴西的日裔牵头成立的合作协会。

种植面积
约16万3000公顷（世界排名第2）
年产量
约273万百升（世界排名第17）
主要品种
红/梅鹿辄、赤霞珠 白/雷司令、灰皮诺

数据来源/Trade Data And Analysis（TDA）

（ 葡萄屋推荐 ）

巴西萨尔顿产区

萨尔顿酒庄干型起泡酒

SALTON BRUT

▶酒庄：萨尔顿

▶葡萄品种：
霞多丽70%、意大利雷司令30%

▶容量：750毫升

▶价格：3,450日元

前景看好的起泡酒
占据巴西葡萄酒市场最大份额

此款起泡葡萄酒乘着2016年里约热内卢奥运会的东风，有了越来越高的知名度。酒液金黄，色调高雅，起泡丰沛。奶油味中漂浮着薄荷、甜点、酵母的风味。

❶

伯南布哥州

PERNAMBUCO

伯南布哥州位于巴西东部，以经营甘蔗种植与旅游业为主，葡萄酒酿造业正在逐渐成为此地生活的一部分。

❷

巴伊亚州

BAHIA

巴伊亚州位于巴西东北部，近年来，此地在葡萄酒酿造及技术改良方面投入了前所未有的力量。

❸

圣卡塔琳娜州

SANTA CATARINA

圣卡塔琳娜州北面巴拉那州、南面南大河州，西面阿根廷国境，是巴西重要的葡萄酒酿造基地。

❹

南大河州

RIO GRANDE DO SUL

南大河州位于巴西南部最南端，与南美的葡萄酒大国阿根廷接壤，环境适宜生产葡萄酒。

地球上古老的葡萄酒生产国之一

以色列

Israel

以色列曾经是古代葡萄酒的大产地，如今凭借高品质葡萄酒再展雄姿，成为跨世纪的焦点。

葡萄酒大国复兴的希望在于超凡的技术力量

　　以色列境内日照充足，降水量小，自然条件适合葡萄种植，因此自古便是葡萄酒生产大国。主要的酒庄集中在戈兰高地，未来将结合最先进的技术和传统的酿造方式，生产高品质的葡萄酒。

种植面积
约8000公顷（世界排名第59）
年产量
约31万百升（世界排名第35）
主要品种
红/赤霞珠、梅鹿辄 白/霞多丽

数据来源/Trade Data And Analysis（TDA）

饮食手帐 — 葡萄酒

【 葡萄屋推荐 】

以色列戈兰高地

雅登赤霞珠红葡萄酒
YARDEN

▶ 酒庄：戈兰高地酒庄
▶ 葡萄品种：赤霞珠
▶ 容量：750毫升
▶ 价格：3,490日元

采用典型手法酿制，堪称红葡萄酒范本

作为一个隐于江湖的葡萄酒产地，戈兰高地只在内行人的圈子里知名。此款酒由大量出品国产品种葡萄酒的酒庄生产，供应以色列航空头等舱等，在葡萄屋中也超越法、西葡萄酒，摘得销售桂冠。

❶ 加利利
GALILEE
位于海拔500～1200米高地上的戈兰高地、上加利利、下加利利都是高品质葡萄酒的产地。

❷ 肖姆龙
SHOMURON
凉爽的微风从卡梅尔山脉与地中海吹来此地，形成了地中海气候，夏天酷热。人们在这里将各品种葡萄混酿成日常饮用的葡萄酒。

❸ 萨姆松
SAMSON
中部海岸平原地区与其周边的平缓丘陵地带，共同构成了这一产区。萨姆松与肖姆龙一样，都是以供应低价葡萄酒而知名的地区。

❹ 内盖夫地区
NEGEV
内盖夫是以色列南部的沙漠地带，土质是沙土和垆坶红土壤，目前正在沙漠中央地带尝试栽种葡萄。

葡萄种植面积位居世界第二

中国

China

中国葡萄酒的势头长盛不衰，葡萄种植面积和产量持续逐年增长。

终于超越法国，中国葡萄酒路在何方？

　　在强势的国家项目，以及国内外需求增长的推动下，中国近几年来一直与全球葡萄酒行业的龙头国家并驾齐驱。在以量取胜的当下，中国时刻关注着下一个动向。葡萄种植面积和产量持续逐年增长。

种植面积
约79万公顷（世界排名第2）
年产量
约1117万百升（世界排名第6）
主要品种
红/赤霞珠、梅鹿辄、品丽珠 白/霞多丽、麝香葡萄

数据来源/Trade Data And Analysis (TDA)

【葡萄屋推荐】

中国河北省沙城地区

长城葡萄酒

【长城葡萄酒】

▶ **酒庄**：长城葡萄酒酒庄
▶ **葡萄品种**：赤霞珠、梅鹿辄
▶ **容量**：750毫升
▶ **价格**：1,450日元

柔和的口味，强劲的实力令人从中感受到万里长城的雄壮

中国的葡萄酒产量虽位居世界第二，但流通量却很有限。此酒所用的葡萄全部种植于河北沙城地区万里长城脚下，果味芳醇，酸味馥郁。曾被选为北京奥运会官方指定用酒，足见其实力之雄厚。

 山西省
SHANXI

中国精品酒庄先锋怡园酒庄的成功，使山西省一跃成为中国著名的葡萄酒生产地。

 宁夏
NINGXIA

从白山吹来的冷风，使这片土地上的部分地带变得极端干燥。此地还实施了无农药栽培。

 山东省
SHANDONG

在葡萄酒酿造业方面，山东省在中国占据着元老级的地位，酒庄数量也名列前茅，这也得益于此地适宜葡萄种植的地中海型气候。

 云南省
YUNNAN

此地尝试在高海拔地区种植葡萄，同时挑战无农药栽培方式，已经引起了海外葡萄酒相关人士的关注。

世界范围内最古老的葡萄酒产地之一

黎巴嫩

Lebanon

黎巴嫩葡萄酒的代表产地是贝卡谷, 但近年来拜特龙制造越来越受关注。

虽然名不见经传, 却总是获得很高的评价

　　东黎巴嫩山脉与黎巴嫩山脉之间的贝卡谷, 是盛产葡萄酒的地区。其中, 卡萨瓦酒庄在世界范围内威名赫赫, 是现代黎巴嫩葡萄酒行业的基石。而近年来, 拜特龙酿制的葡萄酒也受到了人们的关注。

种植面积
约9000公顷 (世界排名第55)

年产量
约15万百升 (世界排名第42)

主要品种
红/赤霞珠、佳丽酿、仙索 白/克莱雷、麝香葡萄、长相思

数据来源/Trade Data And Analysis (TDA)

饮食手帐

—

葡萄酒

┤ **葡萄屋推荐** ├

黎巴嫩拜特龙

波特鲁斯酒庄天使干红葡萄酒

Coteuau de Botrys

▶**酒庄:** 波特鲁斯酒庄
▶**葡萄品种:** 西拉、穆尔韦德、歌海娜
▶**容量:** 750毫升
▶**价格:** 2,680日元

年产量仅35,000瓶的稀有葡萄酒

在黏土和石灰岩的地质环境中, 黎巴嫩栽培出穆尔韦德品种葡萄。因为一直奉行一棵葡萄树酿就一瓶葡萄酒的宗旨, 所以产量很小, 可以说是一款非常稀有的葡萄酒。

拜特龙

BATROUN

在这个位于贝鲁特以北、沿岸的小镇上, 集中着创建时间较短的酒庄, 虽数量不足10家, 却也是不可小觑的实力派。

贝卡谷

BEKAA VALLEY

若论黎巴嫩葡萄酒, 不得不提贝卡谷。从1857年便开始生产葡萄酒的前辈, 到近年来新兴的后辈, 集中于此的酒庄良莠不齐。

047

什么是博若莱新酒?

博若莱新酒节在每年的11月举办。

那么,让人似懂非懂的"博若莱新酒"究竟是何方神圣?

博若莱是位于法国巴黎东南部勃艮第大区南部的小镇,以地势平缓的丘陵上迷人的景色而闻名。土质主要为花岗岩、石灰黏土层,非常适合种植黑葡萄品种佳美。

由全球知名的酿酒名家打造的一款新酒

"2015年乔治杜博夫博若莱新酒"的清新口感与浓郁果香达到完美和谐。左图是使用严选葡萄酿造的"2015年精选博若莱村庄级新酒"(BEAUJOLAIS-VILLAGES NOUVEAU SELECTION PLUS 2015)。以上酒款均为公开价格。
进口商/三得利
☎ 0120-139-380

酿酒专家乔治杜博夫,人称博若莱新酒之父。法国巴黎东南部博若莱地区寂寂无闻的葡萄酒,经过他的点金之手一跃成为享誉全球的名酒。

如何选择博若莱新酒

当我们决定入手一款博若莱新酒之前，需要在目不暇接的品类中做一番筛选。新酒要求尽快享用，以免有损风味。也正因如此，更需要谨慎地挑选。

注意标识

酒标上如标识"VV"，说明酿造此酒的葡萄采自古树（树龄超过30年），口味一般较为复杂，值得反复玩味。

根据产地选择

一般可分博若莱地区级、博若莱村庄级两类，只有博若莱地区北侧村庄生产的新酒方可标识"VILLAGES"。

探寻各地的新酒

每年11月第三个星期四，博若莱新酒全球开禁上市。在日本，这个日子也已成为著名的葡萄酒节。但是，如果将葡萄酒的新酒等同于博若莱新酒，那就大错特错了。入秋之后，意大利的"Novello"、澳大利亚的"Heurige"等世界各地的新酒都会开禁。在日本，人们也会享用"甲州新酒"。

新酒喝当年
目标新西兰！

"当年酿制，当年饮用"并非博若莱新酒的专利。今天的新西兰，也有值得垂青的酒款。比如长相思干白葡萄酒，葡萄采摘后3～6个月，成品酒便可上市，大大缩短了人们渴望美酒的周期。

伊莎贝尔酒庄长相思干白葡萄酒

ISABEL Estate Vineyard
Marlborough Sauvignon Blanc

> 产地：新西兰马尔堡
> 葡萄品种：长相思
> 酿造年份：2015年
> 容量：750毫升
> 价格：3,024日元
> 进口商：LUC CORPORATION
> ☎ 03-3586-7501

充满西柚、百香果、柠檬草、接骨木花等，清爽又富有异国情调的风味。

马丁堡特拉长相思干白葡萄酒

MARTINBOROUGH Vineyard
Te Tera Sauvignon Blanc

> 产地：新西兰马丁堡
> 葡萄品种：长相思
> 酿造年份：2015年
> 容量：750毫升
> 价格：2,700日元
> 进口商：LUC CORPORATION
> ☎ 03-3586-7501

百香果的热带风味在口腔中弥漫，酸味与柔和的果味相互结合，将不同口感平衡得恰到好处。

饮新鲜新酒，享当季美味

"Nouveau"在法语中意为"新的、新鲜的"，"Beaujolais Nouveau"指使用同年秋天采收自法国东南部勃艮第博若莱地区的葡萄（佳美）酿制的新酒。酿制周期仅数月，11月第3个星期四0点新酒开禁，这也是全世界的葡萄酒爱好者翘首期盼的时间。

人们前往附近的酿酒厂按量购买，享用最新鲜的葡萄酒。1960年后半期，新酒甫一亮相于巴黎的餐厅，便掀起了一股追捧的热潮。

No.3 为葡萄酒锦上添花的玻璃酒杯

容量 / Capacity

容量与品味葡萄酒的温度相关

为便于边品尝边欣赏，建议选择宽口杯盛装红葡萄酒。白葡萄酒宜冰镇后饮用，建议选择窄口杯以防变温过快。起泡酒也适宜冰镇后饮用，且泡沫容易飞散，酒杯容量最小。

杯体弧度 / Curve

杯体弧度是决定口感的主要因素

杯身的形状，决定着酒液在舌头上流淌的方向。酒杯倾斜的角度会随杯体的弧度发生变化，酒液在舌面上扩散的方式也会因此而变化，从而大大影响口味。

最大直径 / Width

杯身最大直径和口径决定了酒液与空气接触的面积

杯身的最大直径，直接关系着内壁的表面积（即与空气接触的面积）。尤其是芳醇的红葡萄酒，选择宽身杯更便于与空气接触。晃动酒杯时挂在杯壁上的"酒泪"，是酒香的来源。

醴铎酒神系列
（Riedel Veritas）

赤霞珠/梅鹿辄杯
4,320日元

容量	625毫升
杯身弧度	略大
最大直径	95毫米
匹配品种	赤霞珠、梅鹿辄

选择酒杯的基本原则及发展趋势

历史悠久的醴铎诞生于奥地利，是世界上最负盛名的葡萄酒杯制造企业。来自醴铎的专业人士向我们介绍了选择酒杯的基本原则：红葡萄酒需要慢慢品味酒香和口味，选择宽身杯可使其风味充分释放；白葡萄酒需冰镇后饮用，选择略小于红酒杯的酒杯可保冷。日本人虽因偏好欣赏酒液中的泡沫而选用长笛型酒杯，但近年来似也有改变的趋势，越来越多的人愿

为了能够享用一杯口感和香味都臻于和谐的葡萄酒，
选择玻璃酒杯的大小、形状是非常重要的。

图片来源：野町修平、伊藤惠一

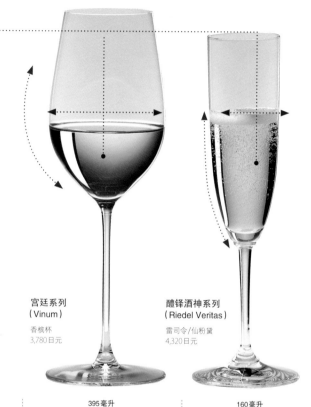

宫廷系列
（Vinum）

香槟杯
3,780日元

醴铎酒神系列
（Riedel Veritas）

雷司令/仙粉黛
4,320日元

395毫升	160毫升
小	基本为直线
82毫米	74毫米
雷司令、仙粉黛	起泡酒

教官
醴铎
首席酒杯教官
庄司大辅

1971年生于神奈川县，毕
业于明治大学文学部文学
科，1998年获得日本侍酒
师协会官方认证侍酒师称
号。1999年求学于波尔
多大区圣埃美隆的"老托
特酒庄"。2000年入职醴
铎日本株式会社，成为日
本人的首个"醴铎酒杯教
育专家"。

资料
醴铎·青山本店

地址／东京都港区 南青山
1-1-1青山双子塔东馆1层
☎03-3404-4456
营业时间/11:00—20:00
（周六、节假日 10:00—18:00）
休息日/周日
http://www.riedel.co.jp/

饮
食
手
帐
—
葡
萄
酒

意亲近杯腹稍大的白酒杯。

这位专业人士便是醴铎日本株式会
社的首席酒杯教官庄司大辅。他还透露
了选择酒杯的另一个诀窍：如果感觉自
己喝的红葡萄酒口感太涩，也许是选错
了酒杯。"如果酒杯呈喇叭型，杯口向上
展开的话，酒液会从舌尖向外扩散，流入
对涩味敏感的牙龈和舌头背面"。图片
中的红酒杯宽窄适宜，可以最好地控制
酒液的流速，既保留了红葡萄酒的厚重，
又使涩味变得柔和。而选择错误的酒杯，
则会白白辜负了葡萄酒难得的美味。

容量

酒杯
1050毫升

大 →   →

酒杯
630毫升

侍酒师黑领结（Sommeliers Black

勃艮第·特级葡萄园酒杯

此款酒杯的特点在其膨大的杯身，这是为了扩大酒香发散的范围。杯口下紧上松的设计，将酒液引向舌尖，凸显其甘醇口味。再引导着酒液向整个舌部缓行而去，逐渐与酸味融合。

高/276毫米　价格/27,000日元

Grape@Riedel

橡木桶霞多丽杯

虽是白葡萄酒，但也需时间细品其风味。此款酒杯特别适合有着浓厚浓缩果味的白葡萄酒。口径大，酒液可在舌尖上尽量扩散，将柔和的酸味与丰富的果味调节出最和谐的效果。推荐用于饮用橡木桶香气浓郁的霞多丽干白葡萄酒。

高度/217毫米　价格/5,400日元

Capacity

从小容量的起泡酒杯，到容量超1升的
红酒杯，葡萄酒杯的可选性相当大。

小

酒杯
240毫升

酒杯
125毫升

宫廷（Vinum）

波特酒杯

餐前饮用的波特酒专用酒杯。一般来说，餐
前酒饮用量小，宜选择小尺寸的酒杯。杯身
小巧的酒杯，可让酒液接触感受甜味的舌
尖，有助于充分体会波特酒独特的甘美。

高/166毫米　价格/3,780日元

侍酒师（Sommeliers）

起泡酒杯

起泡酒的精华全在气泡之中，如将大量起泡
酒倒入大杯中饮用，气泡会随着倒酒的时间
而消失，清爽口感也所剩无几。未免于此，
建议选用小容量的长笛形酒杯。

高/215毫米　价格/16,200日元

杯身弧度

直 → →

侍酒师（Sommeliers）

香槟酒杯

除杯底之外，其余部分全部为直线设计。酒液如涓涓细流般浸润舌尖，泡沫不致在口中扩散，带来舒适的味觉体验。如此杯型还可凸显甜味，并与酸味达到平衡。

高/245毫米　价格/16,200日元

醴铎酒神（Riedel Veritas）

新世界·黑皮诺/内比奥罗/桃红香槟酒杯

圆润的弧度让酒香充盈在杯中，因此最适合饮用酸味强、香味复杂的黑皮诺和桃红香槟。酒液被带到舌尖，强烈的酸味和果味完美地融合在一起。

高/235毫米　价格/4,320日元

Curve

杯身的形状影响着葡萄酒的口味。使用杯身弧度不同的酒杯饮用同一款酒，酒液浸润舌尖的感受完全不同。

→　　　　→　　　　弯

醴铎·极致轻薄（Riedel Superleggero）

橡木桶霞多丽杯

此款酒杯口径大，只需稍加倾斜，酒液便可流向舌尖并缓缓散开。柔和的酸味、丰富的果味，以及来自橡木桶的烤面包味互为融合，在口腔中形成奇妙的风味世界。

高/234毫米　价格/27,000日元

宫廷特级（Vinum Extreme）

黑皮诺杯

杯身上宽下窄，促使我们在饮用时下巴自然上扬，酒液如细流般从舌尖流向舌根。如此可缓和黑皮诺的酸味，并带出果味。

高/246毫米　价格/4,860日元

最大直径

宽

最大直径
116毫米

最大直径
82毫米

醴铎·极致轻薄系列

勃艮第特级园葡萄酒

宽杯身可使酒液的芬芳在杯中弥漫，喇叭形的杯口很有特点。酒液在阔大的杯腹中大量接触空气，各种风味随之涌现。也很适合盛装巴罗洛、巴巴莱斯克等酒。

高/276毫米　价格/27,000日元

宫廷（Vinum）

长相思/甜食酒杯

杯身相对较细，适于饮用口感清爽，香味清凉，酸味丰富的白葡萄酒。也适合餐后饮用的甜食酒。日常及特殊场景均适用。

高/214毫米　价格/3,780日元

Width

我们测量了"体型"从苗条到圆润的各
种酒杯,将杯身直径最大的部分进行了对比。

窄

最大直径
79毫米

最大直径
70毫米

侍酒师黑领结（Sommeliers Black Tie）
卢瓦尔葡萄酒杯

杯身高且直,杯型修长,最适于长相思酿制
的口感爽利的白葡萄酒。卵型的杯身有利于
果味与酸味的调和,以及精准地将矿物质的
余韵传递给味蕾。

高/244毫米　价格/19,440日元

侍酒师（Sommeliers）
香槟酒杯

此款酒杯专为品味辣味的香槟酒而设计。杯
身颀长、杯型苗条,且口径窄小,起泡可在
杯中持久。杯身上下线条较直,基本无直径
差,最适合欣赏泡沫的细腻之美。

高/245毫米　价格/16,200日元

葡萄酒杯基本型5款

想要站在更高的高度品味葡萄酒,选对酒杯是非常关键的。
这里向您介绍5款基本型酒杯,作为了解酒杯知识的敲门砖。

雷司令杯

此款酒杯适于酸味丰富,口味清淡的白葡萄酒。杯身小巧,逐次少量注入酒液,使每一口酒都保持冰镇的温度。杯口边缘口径缩小,可有效锁住酒香。

橡木桶霞多丽杯

适于浓缩了果味和橡木桶芳香,酸味柔和的白葡萄酒。酒液在舌面上缓缓漾开,使柔和的酸味与馥郁的果味和谐交融。

波尔多杯

这是为单宁丰富、浓缩度高的赤霞珠葡萄酒特别设计的酒杯。膨大的杯腹给予酒液充分的氧化空间,让人享受到逐渐绽放的香味,以及芳醇、圆润的风味。

长笛杯

将酒倒入长笛杯,气泡不易挥发,因此最宜盛装视气泡如生命的起泡酒。透过细长的杯身,欣赏气泡从杯底向上跃动的过程也是一件乐事。饮用年份香槟时建议使用直径较粗的长笛杯。

勃艮第杯

这是为酸度高,单宁细腻的黑皮诺设计的酒杯。杯口缩小的边缘将酒液导向舌尖,让酸味与果味和谐交融。

酒杯的形状会改变葡萄酒的口味❓!

在单纯的色泽、气泡等之外,若想拓宽品味葡萄酒的边界,可以从以上5种杯型入手。通过品味起泡酒、冰酒,品味酸味和单宁等方式,了解自己心仪的葡萄酒的特性,从而对酒杯的类型建立起最起码的认识。

掌握擦拭酒杯的方法

掌握正确擦拭酒杯的方法,用美丽的酒杯品尝葡萄酒。

控干水分之后, 从杯脚和杯底开始擦拭

酒杯用完后用热开水漂洗干净,控干水分后从杯脚和底座开始擦拭。

将布塞入杯腹中擦拭内壁

一只手握住杯身,另一只手将纤维布塞入杯腹擦拭内壁。切不可用力过度。

切忌抓着杯底擦拭!

切忌抓着底座擦拭,否则很可能造成杯脚断裂。

托住杯身,擦拭外壁

稳稳地托住杯身,将外壁擦拭干净。应选择不沾毛材质的布。

了解酒杯最脆弱的部位
轻柔、细致对待是关键

集齐了酒杯之后,下一步是学习如何正确擦拭酒杯。想要使用精致的葡萄酒杯,享受精选的葡萄酒,一定不能小看正确擦拭酒杯的方法。

擦拭酒杯大致可分三个步骤,可以按照底座和杯脚、杯身外壁、杯身内壁的顺序进行。擦拭酒杯的布,最好选择不沾毛、吸水性强的材质。准备2块合适的布,双手各持1块,同时进行。切不可抓着底座擦拭,否则容易折断杯脚。

有问有答！葡萄酒杯Q&A

想你所未想，开辟捷径，答疑解惑！

葡萄酒杯 智多星

QUESTION

1

首先，选择酒杯的标准是什么？

– Answer

一般从自己喜欢的葡萄酒，或经常饮用的葡萄酒出发来考虑这个问题。是红、白、起泡酒中的哪一种，是酒体厚重还是轻盈的红葡萄酒等等，结合这些因素来选择酒杯。

葡萄酒杯 智多星

QUESTION

2

为什么有的酒杯没有底座？

– Answer

简单地说就是为了"用得方便"。无论是在沙发上还是在厨房里，没有杯脚和底座的酒杯都适宜出现在自由吸饮的场景中。当然，清理和收纳也相对方便。

葡萄酒杯 智多星

QUESTION

3

选择什么价位的酒杯才合适？

– Answer

如果对酒杯的价位感到无所适从，切勿勉为其难。建议选择与自己日常饮用的葡萄酒1瓶的价格相当的价位。

葡萄酒与酒杯一心一意走过半个世纪

这里有一款葡萄酒杯，名字叫作"罗曼尼康帝品鉴杯"，诞生于1945年，由巴卡拉的熟练匠人手工打造，这一手工艺历经半个世纪有余，至今仍与当年毫无二致。那优雅的廓形中，蕴含着机械制造无法企及的微妙之感，据说正是为罗曼尼康而生，能够将其

美味发挥到极致的酒杯。品尝葡萄酒是愉悦的，这种愉悦却又是转瞬即逝的。然而，从这段美酒与酒杯超越半个世纪的亲密关系中，却能够感受到消除伤感的力量。北大路鲁山人曾说过"食器是美食的外衣"，可这优美的酒杯却既无颜色，又无花色，是真正的无色透明。对于驰名世界的美酒而言，它却是无可取代的"衣装"。

特别专题

相伴度过半个世纪的蜜月期

在特别的日子里，
用巴卡拉酒杯为特别的人斟满美酒

各位可曾听说过，有一个特别的酒杯，只为一个品牌而生吗？
且让我们将它的故事为您娓娓道来。

巴卡拉
Baccarat
罗曼尼康帝品鉴杯

外形极其圆润，释放美酒绝妙的芳香，却又锁在杯腹之中。5万220日元（巴卡拉商店 丸之内 ☎ 03-5223-8968）

酒杯风格独树一帜，令人为之击节叹赏

当我们集齐了基本款酒杯之后，又逐渐生出想要拥有更多的欲望，这便是葡萄酒爱好者的本性。
如果各位想找到值得一说的酒杯，本节中介绍的几款绝不可错过。

异形酒杯

From

这些在初见之下会让人在心底打一个 "问号" 的酒杯，
一旦了解其隐藏的功能，相信问号就会转变成 "惊叹号"。

要点

无须添酒！

要点

自动晃杯！

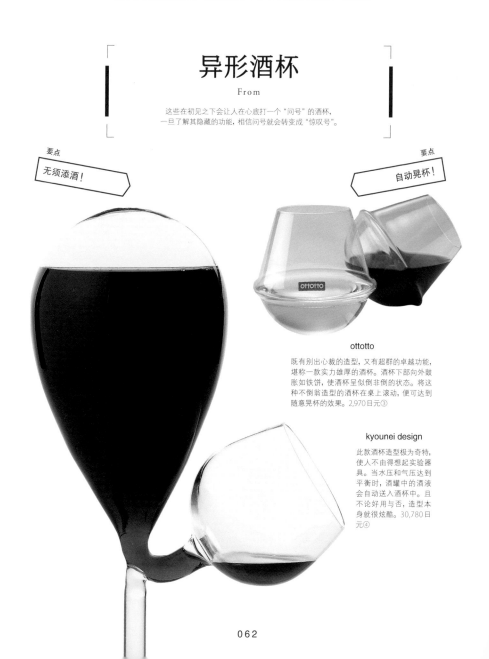

ottotto

既有别出心裁的造型，又有超群的卓越功能，堪称一款实力雄厚的酒杯。酒杯下部向外鼓胀如铁饼，使酒杯呈似倒非倒的状态。将这种不倒翁造型的酒杯在桌上滚动，便可达到随意晃杯的效果。2,970日元③

kyounei design

此款酒杯造型极为奇特，使人不由得想起实验器具。当水压和气压达到平衡时，酒罐中的酒液会自动送入酒杯中。且不论好用与否，造型本身就很炫酷。30,780日元④

要点

便于持杯

要点

可计量

Govine

根据人体工学的原理，在拇指接触杯身的部分设计了一个凹槽，以便拇指更好地抓握。杯底内侧的曲线，还有助于晃杯的动作。此款酒杯采用聚酯树脂材质，无杯脚，使用体验非常轻松。图片仅供参考②

Riedel

此款酒杯的设计是为了迅速地品尝到大量葡萄酒。杯脚部分相当于一个20毫升的量杯，使用这个计量工具，每次喝的酒量都是均等的。酒杯倒放并在桌上滚动，还可进行晃杯。3,780日元①

要点

终身可替换

Topics

追求又酷又有型？
不！"黑"就要黑得有意义！

一般来说，我们要通过色、香、味来评鉴一种葡萄酒。此款酒杯表面全黑，完全看不出酒液的颜色，从而进一步增加了评鉴的难度。此款酒杯被命名为"品酒师盲测品酒杯"。1万6200日元①

Wired Beans

这是一款杯脚稳重，个性十足的香槟杯，稳定性佳。作为日本第一款提供赔偿服务的酒杯，不管购买时间多久，不论破损理由为何，都可获得更换赔偿，但仅限首次更换可免费。右6,500日元、左7,000日元⑤

饮食手帐 —— 葡萄酒

异形材料
Material

葡萄酒爱好者都知道，酒杯的形状会影响葡萄酒的口味。
我们提供的下一个建议是，根据酒杯的材料来享用葡萄酒。

要点
超薄酒杯

要点
100%锡

同一系列中也包括醒酒器。
因有着与酒杯同样优美的
比例而使人为之倾心。酒
液在醒酒器中盛装的时间，
超过在酒杯中的时间，因
此更值得期待发挥锡的功
效。43,200日元⑨

松德硝子

此酒杯出自技艺高超的工匠之手，杯壁厚度
竟在1毫米之下！饮用时甚至完全感觉不到
杯沿的存在，从而将葡萄酒的味道直接传达
给口腔。此外，无杯脚的设计为此款酒杯更
添魅力。"薄玻璃 波尔多" 1,728日元⑥

能作

此款曲线优美的酒杯采用100%锡制作，由
铸器工匠传承富山县高冈市400多年的技
艺，逐个手工打造而成。据说锡的离子效果
可使酒液的味道更加醇厚。21,600日元⑨

要点

高透明树脂

要点

耐热酒杯

KRONOS

此款酒杯以双层耐热玻璃制成。当酒被注入杯中时，便如浮在宇宙中一般。隔热效果使杯中酒液可保持原有温度，表面不易沾水。1,296日元②

科勒曼（Coleman）

这是一款户外葡萄酒杯，其透明度不亚于玻璃杯。由树脂材料制成，不仅耐热，而且掉落地面也不会破损，特别适合在户外使用，无愧于科勒曼户外休闲产品领导者的美誉。1,058日元⑧

要点

钛制双层真空杯

SUSgallery

此款钛制平底杯是日本工匠精湛技艺的化身。钛金属本身具有轻巧、硬度高的特性，双层真空构造的内壁又可达到高效保冷、保温的效果。因其不易结露，盛装冷饮也毫无压力。2万1600日元。⑦

[咨询窗口]

① 醴锋青山本店☎03-3404-4456

② MoMA设计商店☎03-5468-5801

③ ottotto/林秀行设计事务所 www.cedia.jp

④ 共荣design☎054-347-0653

⑤ LIVING MOTIF☎03-3587-2784

⑥ 松德硝子☎03-3625-3511

⑦ SUSgallery☎03-5579-9261

⑧ Coleman Japan 客服中心 ☎0120-111-957

⑨ 能作☎0766-63-5080

饮食手帐 —— 葡萄酒

No.4 香气和味道的极致表现

对于葡萄酒的形容方式多种多样。乍看之下可能会稍感困难，但只需掌握基本知识，便会觉毫无压力。与其学习，不如习惯，何妨放手一试！

按照色→香→味的顺序"品味"

让我们通过品味，看葡萄酒的特性和个性
是如何体现在颜色的深浅、香味、品种、酿造方法中的吧。

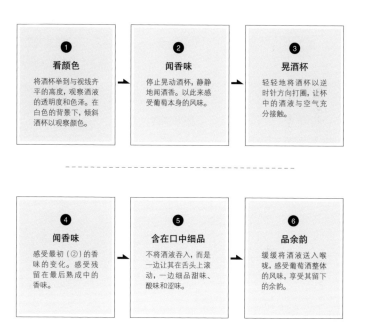

① 看颜色
将酒杯举到与视线齐平的高度，观察酒液的透明度和色泽。在白色的背景下，倾斜酒杯以观察颜色。

② 闻香味
停止晃动酒杯，静静地闻酒香。以此来感受葡萄本身的风味。

③ 晃酒杯
轻轻地将酒杯以逆时针方向打圈，让杯中的酒液与空气充分接触。

④ 闻香味
感受最初（②）的香味的变化。感受残留在最后熟成中的香味。

⑤ 含在口中细品
不将酒液吞入，而是一边让其在舌头上滚动，一边细品甜味、酸味和涩味。

⑥ 品余韵
缓缓将酒液送入喉咙，感受葡萄酒整体的风味，享受其留下的余韵。

飲食手帐 ── 葡萄酒

"香味"是进入葡萄酒世界的入口

据说在葡萄酒的世界中，存在着100多种香味，但对于新人来说，是无法轻易闻到的。在此我们想提供给您参考的，是专业品酒师对香味的各种表现的系统性分类。具有代表性的系统及被分类于此的香味也可进一步细分。

香味是"享受葡萄酒"最初阶段的第一步。在此过程中，有可能出现香味迷人，但含在嘴里却寡淡无味、令人失望的情况。也有可能在亲尝之前，仅凭闻香便倾心于某款葡萄酒。

不同原料造就不同香味

首先介绍由各种各样的要素结合在一起所产生的丰富香味。

香味

❶

果实类

果实的香味会渐渐消失。果实的香味会渐渐枯萎。有来自特定葡萄品种的香味，也有不少是由产地的气候决定的。

香味的类型

[红葡萄酒常见的香味]

树莓（鲜酿的黑皮诺品种等）、草莓（轻快的博若莱新酒等红葡萄酒）、樱桃、黑樱桃（罗纳的红葡萄酒或桑娇维塞品种等）、黑莓（北罗纳的红葡萄酒等）、葡萄干（巴纽尔斯的甜红葡萄酒等）、梅子

[白葡萄酒常见的香味]

柠檬（特别是鲜酿葡萄酒）、酸橙、葡萄柚（长相思品种等）、苹果（特别是鲜酿霞多丽品种）、洋梨、甜瓜（多为低温发酵所产生）、麝香葡萄、荔枝（特别是琼瑶浆品种）、花梨（特别是白诗南品种）、白桃、黄桃、杏子（特别是维欧尼品种）、橙子、菠萝

香味

❷

植物类

相对而言，接近白、绿、黄色植物的香味多见于白葡萄酒，接近红、黑色植物的香味多见于红葡萄酒。

香味的类型

[草/蔬菜]

嫩叶/嫩芽（鲜酿长相思品种等）、青椒（未熟的赤霞珠品种等）、芦笋（鲜酿白葡萄酒）、青橄榄（白）黑橄榄（红）、香草类（柠檬草、小葱、百里香、罗勒、迷迭香、杉树、橡树、松脂等）

[烘烤制品]

烟叶（教皇新堡等熟成红葡萄酒）、卷烟（熟成红葡萄酒）、红茶（红波特酒等）

[香辛料]

黑胡椒（西拉品种等）、白胡椒（绿维纳品种等）、肉豆蔻、肉桂、大茴香、芫荽、香草豆

香味

❸

坚果类

在红、白葡萄酒中均可感受到的香味

香味的类型

[草/蔬菜]

核桃、榛子、杏仁、椰子、杏仁蛋白软糖

- - - - - - - - - -

Aroma

❹

花类

在红、白葡萄酒中均可感受到的香味

香味的类型

[红葡萄酒常见的香味]

蔷薇、紫罗兰（气候凉爽的产地的西拉品种，或桑娇维塞品种）、橙子（麝香葡萄品种）

[白葡萄酒常见的香味]

茉莉、金合欢树

香味的类型

香味

❺

其他

红、白葡萄酒常见的香味

[熏烤香]
※来自酿造过程中使用的新酒桶的香味

焦糖、烤过的杏仁、可可豆、咖啡、浓缩咖啡、烤面包

[动物]

鞋皮（桑娇维塞品种、熟成的黑皮诺品种等）、麝香、猫尿（气候凉爽产地的长相思品种）

[大地]

蘑菇、松露、腐叶土（长年熟成后形成的香味）、矿物质（来自土壤的香味异常细腻，难以察觉）

识葡萄酒香气轮盘，习葡萄酒香气用语

在葡萄酒香气轮盘中，从中心出发向外辐射，
分别是葡萄酒香气的大分类、中分类、小分类。

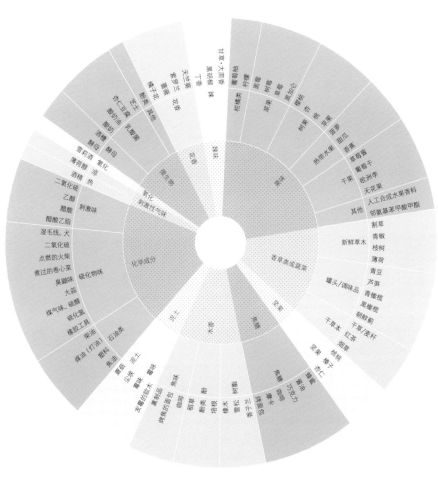

您能想象出这些
都是怎样的香味吗？

也有这种独特的表现

"烤焦的面包味""轻微的臭鼬味""淋湿的犬类、
点着的火柴味""尘埃和发霉的香味"——这些
全都是地道的葡萄酒香味。然而，令人闻之不
悦的葡萄酒或许会使人对其失去兴趣。

形容葡萄酒味道的四大基本要素

葡萄酒的味道相当复杂，各种各样的要素错综复杂、变化多端。
掌握其中的四个基本要素，可以帮助我们了解葡萄酒的全貌。

1 [酒精]
ALCOHOL

虽然也要考虑与其他要素的平衡，但总的来说，酒精度越高，越能感知其醇厚与甘美。

2 [酸味]
ACIDITY

红、白葡萄酒均不可少的要素便是酸味，越是气候寒冷的地区，所酿的葡萄酒酸味越强。而温暖地区所产葡萄酒的酸味则更趋于稳定、柔和。

品酒四大要素

赏味四要素
四要素之间的平衡
决定着葡萄酒的味道

3 [甜味]
SWEET

在葡萄酒的味道中，甜味是比较容易被味蕾捕捉到的。包括从甜味葡萄酒中直接感知的甜味，以及从辣味葡萄酒中感知到的甜味。

4 [涩味]
ASTRINGENCY

由单宁所产生的涩味，是决定红葡萄酒骨架的关键要素。葡萄酒越成熟，单宁变得越顺滑。

了解四大要素

对于深谙葡萄酒的人士而言，很难用语言来读取和传达葡萄酒的味道。而掌握若干个形容葡萄酒味道的基本词汇，则可降低这一难度。

葡萄酒的味道，以"甜味""酸味""涩味""酒精"四要素为基础。根据以上要素的平衡，来评价葡萄酒及形容其味道。除此之外还有一些常用词汇，例如白葡萄酒有"酒体"，白、桃红葡萄酒则有"甜味/辣味"的形容。酒精度、果味、葡萄酒提取物（单宁、有机酸、糖分等）的比例，会随着熟成而发生变化。

厚重

红葡萄酒

红葡萄酒味道的特点

红葡萄酒口味大多厚重，与白葡萄酒之间决定性的差异在于味蕾能够从红葡萄酒中感受到强烈的涩味。红葡萄酒的酒精度数也较高，因此口感也更厚重。而且，红葡萄酒中含有大量抗氧化物质多酚。

(果实味)

形容如成熟的果实一般，醇和、浓郁的味道

(单宁味)

带给整个舌头和上颚"口渴"般的感受，类似饮用焙煎过度的茶饮时的感觉

(柔和度)

"丝绸般""天鹅绒般"的感觉

水果味

白葡萄酒

白葡萄酒味道的特点

将浅色的"白葡萄品种"除去籽和皮后酿制而成。越是鲜酿的白葡萄酒，色泽越接近透明。熟成时间越长，色泽越深。味道从甜味到辣味都有，经常被比喻成水果味。

(甜味/辣味)

葡萄果实的成熟度不同，甜味也不同

(矿物质味)

在气候寒冷的地区，矿物质味道多来自土壤

(水果味)

水果味会因葡萄本身的酸味，采收年份的气候，发酵程度而变化

No.5 洞悉四大要素，选择葡萄酒柜

葡萄酒经过熟成会更添风味，这是经过验证的事实。如果您对葡萄酒产生了兴趣，不妨尝试使用葡萄酒柜。

图片来源：Getty Images

正因是日本，才需要葡萄酒柜

如果要享用葡萄酒本身的味道和香味，一定绕不开"熟成"这个阶段。在葡萄酒文化成熟的欧洲等地，为葡萄酒设置一定的温度、湿度，在安静、稳定的环境中进行熟成。但在日本，一年四季气温变化剧烈，无法长期保持恒定的温度。

在此情况下，葡萄酒柜便成为葡萄酒爱好者们的刚需。日本的一般住宅中没有地下室专用于储存大量的葡萄酒，但只要有葡萄酒柜，就可以为熟成提供最佳的环境。当家庭中的葡萄酒数量增加到一定程度时，就可以考虑使用葡萄酒柜了。

购买葡萄酒柜之前必须洞悉的四大要素

1
[款式]
METHOD

葡萄酒柜分三种

目前共有三种葡萄酒柜，其中压缩机式是当今的主流款式，其他的则是功率小、无振动的半导体式，以及以汽化热调节温度的热吸收式。各有优点，可按需选择。

2
[容量]
CAPACITY

买大不买小

容量小的酒柜，无法应付日渐增加的葡萄酒储存量。与其再买一个，不如一开始就选择容量较大的酒柜。

3
[功能]
FUNCTION

阻断紫外线
是非常重要的功能

葡萄酒对细节非常敏感，一旦周围环境的湿度和温度发生细微的变化，都会导致其变味。葡萄酒柜除了温度调节功能之外，柜门的玻璃也必须能够防紫外线。

4
[设计]
DESIGN

与住家的室内装修
风格统一

当下的葡萄酒柜设计风格既多种多样，也很讲究时尚。还有木纹风，或加装木搁板的设计可供选择。

日本的环境不适合储存葡萄酒吗？

日本全年的温度和气候变化剧烈，尤其是空气潮、湿度高的夏天，对人类是煎熬，对葡萄酒亦是如此。因此在日本，用葡萄酒柜来储存葡萄酒无疑是最适合的了。

东京的平均气温及最宜储存葡萄酒的气温

东京的
平均最高气温

适宜储存
葡萄酒的气温

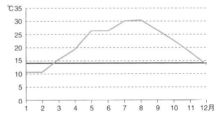

东京的平均湿度及最宜储存葡萄酒的湿度

东京的
平均最高湿度

适宜储存
葡萄酒的湿度

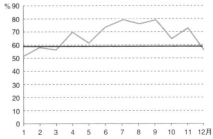

畅销葡萄酒柜介绍

最新的葡萄酒柜在功能和设计方面都有很高的性能，
购买之前可以从大小、款式等多方面考虑，选择自己满意的酒柜。

压缩机式

Dometic
D15

标准值：17瓶
尺寸（毫米）：
W295×H863×D620
温度设定：5℃～22℃
咨询：Dometic
☎ 03-5455-3333

酒柜门上贴满名牌葡萄酒商标，亦是看点

此款具有双温区管理功能，可以根据葡萄酒的类型，对上、下层设定不同的温度。酒柜门上贴有各种名牌葡萄酒的商标。此款设公开价格。

热吸收式

具有划时代意义的系统，消灭振动与运转噪音

用于熟成。在此过程中可防止葡萄酒过熟，以及瓶底沉淀物悬浮。利用自然对流使蒸发器的水分还原，以此来保持湿度。此款设公开价格。

Dometic
CS 32 BV

最大值：40瓶
（标准值：25瓶）
尺寸（毫米）：
W530×H724×D600
温度设定：8℃～18℃
咨询：Dometic
☎ 03-5455-3333

① Style Crea
SC-52

最大值：52瓶
尺寸（毫米）：
W513×H1261×D570
温度设定：5℃～20℃
咨询：Style Crea
☎ 03-5408-5508

压缩机式

温度管理自不必说，且最适宜熟成保存

不锈钢框与木搁板的组合，给人以既温暖又时尚之感。此款酒柜不挑使用场所，设公开价格。

半导体式

Lefier
LW-D18

最大值：18瓶
尺寸（毫米）：
W280×H1030×D567
温度设定：4℃～22℃
咨询：Liquor Mountain Co., Ltd.
☎ 0120-050-177

轻便的入门款葡萄酒柜

这是一款优秀的酒柜，储存德国酒也不在话下。18瓶的存放量，使之外观既小巧又时尚，摆放在起居室或餐厅都很合适。售价21,384日元。

压缩机式

③ VANTECH
V40SG

最大值：50瓶
尺寸（毫米）：
W595×H820×D561
温度设定：6℃～18℃
咨询：Z-MAX
☎ 03-5408-9610

都市时尚设计营造高级感

内置风扇可使酒柜内保持恒温状态。内部温度显示于数字显示器，也是一项人性化设计。木搁板还可以吸收振动。此款设公开价格。

压缩机式

Dometic
DW6

标准值：6瓶
尺寸（毫米）：
W260×H415×D520
温度设定：8℃～18℃
咨询：Dometic
☎ 03-5455-3333

可置于桌上的小型酒柜

型小量轻，移动方便。只要车里有车载雪茄点烟器，即可将其作为便携式酒柜使用。此款为公开价格。

③ Varnier
SAB-90G

最大值：24瓶（最大39瓶）
尺寸（毫米）：
W380×H1,150×D476
温度设定：5℃～20℃
咨询：樱制作所
客服窗口
☎ 0120-270-956

利用独家技术，实现双温区储存

此款酒柜系结合日本住宅的实际情况而专门设计，上、下两套温度控制系统不仅可以分别控温，还实现了节能。抽去上层的搁架，放得下一升装的日本酒和烧酒。此款为公开价格。

便携式

DENSO
葡萄酒柜

最大值：24瓶
尺寸（毫米）：
W436×H898×D545
温度设定：5℃～18℃
咨询：DENSO SALES本社
住设事业部
☎ 03-6367-3808

可用性卓越的精品

采用防紫外线玻璃。葡萄酒柜内置的温度感应器，当温度设定在12～16℃时，柜内的湿度则控制在50～80%。此款为公开价格。

压缩机式

No.6 熟成是唤醒葡萄酒本性的过程

葡萄酒在适宜温度下沉睡的过程中，其色、香、味都在不断地发生变化。
让我们一同进入那个神奇的，孕育出美丽和包容力的熟成世界去一探究竟吧。

图片来源：久保田敦

熟成前后有怎样的变化？

在数十年的岁月中，葡萄酒会经历什么样的变化？
既然想象不出，那就到每一滴酒中去寻找答案吧。

"个性地方酒及葡萄酒 山内屋"店主
山内和行

这是创业于昭和七年的老字号酒屋。作为第三代店主，在法国学习葡萄酒的经历，使他发现了熟成葡萄酒的魅力。在该店的地下酒窖，有4000瓶葡萄酒正在熟成。

档案
个性地方酒及葡萄酒
山内屋

地址/东京都荒川区西日暮里3-2-3
☎ 03-3821-4940
营业时间/10:00—20:00
休息日/周三

佩南酒庄精选梅鹿辄红葡萄酒

Ch.Penin Grande Selection

▶ 酒庄：佩南酒庄
▶ 产地：法国波尔多
▶ 葡萄品种：梅鹿辄100%
▶ 酿造年份：2004年、2011年
▶ 容量：750毫升
▶ 价格：2,268日元（2011年）

口味丰富，令人联想起梅鹿辄的主体圣埃美隆及波美侯。在波尔多，含100%梅鹿辄的葡萄酒很少见。

对比饮用的葡萄酒

葡萄酒在"熟成"的作用下获得新生

"熟成"就发生在葡萄酒瓶中。葡萄酒的类型和成分，决定着熟成的速度。在熟成的过程中，红葡萄酒的颜色会逐渐变得明亮，白葡萄酒的颜色会逐渐加深。而无论哪一种葡萄酒，最终都会朝着深棕色变化。在酒的香气和口味上也发生着变化，以多年熟成的葡萄酒为例，在其新酿阶段以果实的香味为主，气味素净。经过熟成之后，香味会变得复杂而华丽。

7 年熟成

在山内屋的酒窖中,一般的熟成时间是五六年。此酒熟成时间约7年,全部以树龄超30年的梅鹿辄酿制。

[之前]

产于2011年,含100%梅鹿辄,酒体扎实,高雅的涩味撩动着食欲。从中可感受到新酿红葡萄酒特有的美味,鲜艳的红色是一大特点。

色 闪亮的红宝石色是酒液新鲜的明证

香 黑加仑般的果香,与酒桶柔和的香味达到完美的平衡

味 含有丰富多汁的果味,优雅而顺滑的涩味

[之后]

饮用时已熟成逾10年,是一瓶珍藏的美酒。酒体整体变得柔和,醇厚感凸显,口味高雅。口感佳,有余韵。

色 略带橙色的深石榴石色。查看酒杯边缘周围

香 散发沉静的酒桶香,洋李及肉桂般甜辣的香气富有纵深感

味 口味柔和,在味蕾上绽放时的感觉妙不可言。非常适合用于烹调野味或菌类料理

葡萄酒瓶中究竟在发生着什么❓❗

红葡萄酒放置5年后，变得颜色透明，香味华丽，口味醇厚……
那么，葡萄酒瓶中究竟发生了什么呢？

发生在
葡萄酒瓶中的事

花青素（色素）

单宁

产生单宁与花青素的
化合物

进一步聚合，
形成不可溶的高分子多酚

成为更小的微分子，
收敛性（涩味）减少

第一类
香气

来自葡萄本身的香味

酿造产生的香味

第一类
香气

互相作用，并于其他的
多酚类法式作用

熟成香

风味前体物质
（香味的来源）

与葡萄糖分离

独特的香气

有机酸

酒精

生成酯

各种香气

精选

—

①

"新酒"与"陈酒"的区分方法

有人说，陈酿型葡萄酒更重，而且酒瓶底不是平的，而是向内深深凹陷的。山内和行的区分方法直截了当——看价格。在酿造3、4年的葡萄酒中，选择价格超过3,000日元的即可。

（左）先查看价格。

（上）照片为"小布施酒造小满胜白葡萄酒"及"克罗兹-埃米塔日红葡萄酒"。经过熟成的葡萄酒，香味和口感都变得柔和，微醺之后感觉很好。

精选

—

②

如何在家中进行"熟成"？

一般建议使用专用酒柜。关键是必须存放在15℃左右的稳定环境中。因此，用报纸将酒瓶裹住，横放在冰箱的蔬菜格中便可。保存时间以1年为宜。如果不是夏季，也可存放在橱柜中。

冰箱中温度低，环境干燥，因此最好将酒瓶用报纸包裹后存放其中。将酒装进泡沫箱，也可存放于橱柜中。

精选

—

③

探访"山内屋"的地下酒窖

在这个位于地下4米，面积8坪（约合26.4平方米）的酒窖中，4000瓶酒摆放得满满当当。即便是冬天，这里也稳定在15℃，只有夏天才开空调。经山内和行挑选过的葡萄酒正在熟成中。

（左）远处的棚架上，高级年份酒仍在熟成之中。

（上）可移动的棚架上，沉睡着整箱的葡萄酒。经常要根据熟成的状态，决定上市的日期。

当下应该入手，并待其熟成的几款葡萄酒

让葡萄酒绽放真正美味，最好的办法是熟成。
在此介绍几个珍藏的酒款。

适饮期	适饮期	适饮期
2017 年	**2020** 年	**2030** 年

从其余韵与富有层次感的口味中，可以品出勃艮第高级酒庄的品质。

通过甘甜、丰富的香味与辣味，可以品出黏稠的、绝佳的余韵。

作为日本产葡萄酒，它属于酒体特别厚重的一款，具有桃子和菠萝般浓郁的香味。

熟成令其美味升级

在日本寂寂无闻的法国名酒

一款令海外葡萄酒行家惊叹不已的葡萄酒

圣欧班一级园
干白葡萄酒

Saint-Aubin 1er
Cru En Remilly

▶ **酒庄**：马克·柯林父子酒庄
▶ **产地**：法国勃艮第
▶ **葡萄品种**：霞多丽100%
▶ **酿造年份**：2013年
▶ **容量**：750毫升
▶ **价格**：4,860日元

此款酒的原材料，是种植在圣欧班一级葡萄酒园中最优质的霞多丽葡萄，其中融入了所有霞多丽的特质，品质上佳。

蒙路易克多博
干白葡萄酒

MONTLOUIS
CLOS DU BREUIL

▶ **酒庄**：弗朗索瓦齐弁丹古堡
▶ **产地**：法国卢瓦尔
▶ **葡萄品种**：白诗南100%
▶ **酿造年份**：2012年
▶ **容量**：750毫升
▶ **价格**：3,240日元

新酿时口味如甜瓜般，清新而香甜。熟成之后饮用，酒液在口腔中散发蜂蜜、果脯般的香味，口味变得辛辣。

小布施酒造
小满胜白葡萄酒

Petit Manseng Domaine Sogga

▶ **酒庄**：小布施酒造
▶ **产地**：日本长野
▶ **葡萄品种**：小满胜
▶ **酿造年份**：2012年
▶ **容量**：720毫升
▶ **价格**：4,968日元

小满胜是使用庇里牛斯山脉的本地葡萄酿造的葡萄酒，口味中甜。酒体厚重，余韵悠长。

(适饮期)

2019 年

这是一款白葡萄酒，带有热带水果的香味，口感黏稠，口味醇厚且有层次。

(适饮期)

2026 年

适合熟成，口味具有强烈的个性。长期熟成后饮用，口感甚佳。

(适饮期)

2026 年

散发洋李和梅子般的香味，是一款能够在微醺之际带给人飘飘欲仙之感的美酒。

价格适中是其优点

微醺之际飘飘欲仙

口感值得期待

长年熟成的

克罗兹-埃米塔日塔拉贝尔园红葡萄酒
CROZES HERMITAGE
Domaine de Thalabert

❯ 酒庄：嘉伯乐酒庄
❯ 产地：法国罗纳河地区
❯ 葡萄品种：西拉100%
❯ 酿造年份：2009年
❯ 容量：750毫升
❯ 价格：6,480日元

此款葡萄酒更多地表现出葡萄的果香、发酵的酒香以及陈酿留下的余香。

佩南酒庄混酿白葡萄酒
Ch.Penin Bordeaux Blanc

❯ 酒庄：佩南酒庄
❯ 产地：法国波尔多
❯ 葡萄品种：长相思75%、灰苏维翁20%、赛美蓉5%
❯ 酿造年份：2013年
❯ 容量：750毫升
❯ 价格：3,180日元

与波尔多普通的白葡萄酒及长相思味道不同，拥有浓厚的美味。

三泽明野甲州特酿葡萄酒
Cuvee Misawa Akeno Koshu

❯ 酒庄：中央葡萄酒庄
❯ 产地：日本山梨
❯ 葡萄品种：甲州
❯ 酿造年份：2014年
❯ 容量：750毫升
❯ 价格：5,184日元

此款特酿葡萄酒来自精心栽培的甲州葡萄，散发独有的魅力。在其厚重的口味中，似可感知甲州葡萄更大的潜力。

葡萄酒当然不是
年份越久越美味

让葡萄酒绽放真正美味，
最好的办法是熟成。
在此介绍我珍藏的一款熟成美酒。

横置于酒柜中
静待其发生变化

如果家中有酒柜，可横置于其中
静待其发生变化。葡萄酒的口味
与保管、运输等息息相关。

详解葡萄酒的"美味"寿命

　　每一种葡萄酒的寿命各有长短，美味时期各不相同。比如每年11月第三个星期四开禁的"博若莱新酒"，其酿造目的就是为人们奉上新鲜的美酒，因此将其进行熟成并无意义。

　　与此相反，熟成型的葡萄酒的装瓶出售时期，一般是在葡萄采收之后数年。而且，至少要经过10年、20年之久，方可享受到本真的美味。

　　从这个意义上说，在新酿时期，果

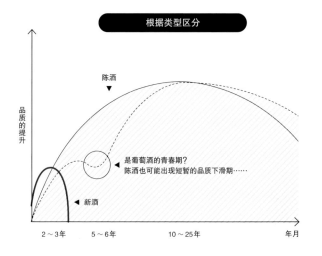

根据类型区分

品质的提升

陈酒 ▼

是葡萄酒的青春期？
陈酒也可能出现短暂的品质下滑期……

▼ 新酒

2～3年　　　5～6年　　　10～25年　　　　　　　　年月

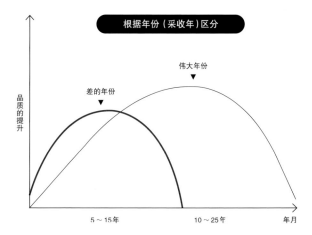

根据年份（采收年）区分

品质的提升

差的年份 ▼

伟大年份 ▼

5～15年　　　　　　　10～25年　　　　年月

实的风味生机勃勃，但在香味和口味上尚不成熟，相对单一（曲线图中上升的阶段）。随着时间的推移，香味逐渐趋于浓烈而复杂，口味也变得柔和，二者达到绝妙的平衡（曲线图的顶点）。此后，香味渐渐消逝，酸味逐渐占据优势。

影响葡萄酒生命周期的，除了葡萄酒本身的品质（自身的寿命）之外，还包括酒瓶的大小、运输、保存等环境因素。如果保存得当，慢慢熟成，日后便可获得浓郁的香味。

葡萄品质欠佳的年份所产的葡萄酒，
经过熟成会变得如何？

采收年份的气候，是决定葡萄品质的重要因素。
我们只需牢记一点：葡萄酒如产于葡萄品质佳的年份，
可储存若干年后饮用，反之则应尽早饮用。

软木塞上印有年份

夜丘村红葡萄酒
Cote de Nuits -Villages

▶**酒庄**：贾伊吉勒斯酒庄
▶**产地**：法国勃艮第地区
▶**葡萄品种**：黑皮诺100%
▶**酿造年份**：2007年
▶**容量**：750毫升
▶**价格**：4,860日元

2007年勃艮第采收的葡萄酸味较强，品质不高。少于10年的熟成，使酒液赋予味蕾以高汤一般的口味，现在饮用正是时候。如果继续熟成，其香、味都会逐渐变差。

色

茶褐色

香

从其独特的香味中，似可感觉出薰衣草及土壤的气息。原本的草莓香正在消逝。

味

味如樱桃。稍有酸味，单宁味强。流过口腔之后，苦味会顽固地残留在舌上。

日本葡萄酒竟也有年份表❓！

年份表是利用星号和分数来表示葡萄采收年份的图表。
那些享誉世界的日本葡萄酒也有属于自己的年份表，
可供您作为购买参考。

1：差　　**2**：略差　　**3**：一般　　**4**：优秀　　**5**：特优

	2012	2011	2010	2009	2008	2007	2006	2005	2004	2003	2002	2001	2000	1999	1998	1997	1996
山梨（红）	4	4	4	5	3	4	3	4	5	3	5	5	3	5	3	5	4
山梨（白）	4	4	3	5	3	4	3	4	5	3	5	4	4	4	3	5	4
北信	4	4	4	4	3	4	4	5	3	5	4	4	4	5	3	3	
桔梗原	4	4	4	5	3	4	3	4	5	3	5	3	4	4	3	5	4
椀子	4	4	4	5	4	4	3										
新鹤	3	4	4	4	4	4	4	5	4	5	4	5	4	2	3	3	
大森	3	3	3	3	3	3	3	5									

日本主要产地的年份表（数据来源：美露香株式会社）

专栏

纪念版葡萄酒不只是年号

有些人会将朋友出生那年酿造的葡萄酒作为礼物送给对方，但这并不意味着该年份的葡萄酒品质优良。为了庆祝结婚20周年，可以将熟成达20年的纪念版葡萄酒作为礼物相赠。用佳酿代表岁月的沉淀，是一种特别的寓意。

No.7 重新审视副牌酒

副牌酒的真实情况究竟是什么样的呢？如果将其等同于名酒庄的廉价酒，那就大错特错了。本节就让我们来揭秘副牌酒的来由及其魅力吧。

图片来源：伊藤惠一

副牌酒，让我们有缘结识名酒庄

未达正牌酒标准的葡萄酒被称为副牌酒。乍听之下，或许有人会将副牌酒与大量生产的次等酒画上等号。事实上，这种想法大错特错。因为制造副牌酒绝不能等同于制造廉价酒。换句话说，副牌酒实际上是正牌酒的副产品。近年来，副牌酒的情况也在持续变化之中。来自亚洲知名酒商爱诺特卡酒业（ENOTECA）的大岩由纪夫是这样说的："在副牌酒中，有一些如今的价格较之十年前已然翻倍。这不正从侧面证明，人们对副牌酒的评价越来越高了吗？酒庄方面也有提高副牌酒的品质，创出一种品牌的趋势。拉图嘉利、玛歌酒庄甚至还出售三牌酒。"那么，误将牌酒等同于次等酒的您，对此又做何感想呢？读到这里，恐怕不会有人再将副牌酒称作廉价酒了吧。

副牌酒的成因

1
[葡萄品种差异]
GRAPE VARIETY

正牌酒只使用当年度品质最优的葡萄酿造。未达此标准的葡萄，便用于酿造副牌酒。

2
[土壤差异]
SOIL TYPES

在同一片葡萄园中，每年能够采收优质葡萄的区域基本上都是固定的。也有些酒庄拥有副牌酒专用的土壤。

3
[酒桶差异]
BARREL TYPES

在所用葡萄品质本身便次于正牌酒的副牌酒中，有些也使用正牌酒上一年使用的酒桶酿造。

档案
葡萄酒商家

爱诺特卡酒业（ENOTECA）
广尾本店
地址 / 东京都港区南麻布
5-14-15
☎ 03-3280-3634
营业时间 /11:00—21:00
休息日 / 不固定
http://www.enoteca.co.jp/
shop/hiroo

爱诺特卡酒业
（ENOTECA）
商品部部长
大岩由纪夫

拥有波尔多大学酿造专业认证品酒师资格。旅法4年间，他亲自访问了700多个葡萄酒厂家。现任酒业商品部高级经理，负责采购业务。

上图展示了木桐酒庄的工作场景。即使对待副牌酒，酿造者们也抱着一丝不苟的工作态度。

饮食手帐 —— 葡萄酒

指名购买"副牌酒"的三大理由

波尔多五大酒庄, 是世界公认的葡萄酒界王冠上的五颗宝石。

享用格调如此高雅的葡萄酒, 现在开始, 正是时候。

理由

1

直达内核!
与著名酒庄的"成熟工艺"结缘

正如大岩由纪夫所了解的, 出自波尔多五大酒庄的葡萄酒, 各有其独特个性。比如, 拉图尔酒庄的葡萄酒口味阳刚, 而玛歌酒庄的葡萄酒则华美且偏女性气质, 二者正好一阳一阴。有了副牌酒, 各大知名酒庄历尽锤炼的成熟工艺造就的个性葡萄酒, 只需以正牌酒一半的价格便可品尝。

价差

41,000日元

同为木桐酒庄出品,
价格落差却很大

2013	2013
59,400日元	18,360日元

2

三牌酒已面世

　　副牌酒曾经是以提高正牌酒品质为目的而诞生的副产物。而今天，有些酒庄为了使副牌酒更加精炼，而进一步生产出了三牌酒。换句话说，"副"字早已与副牌酒的特质不相称。"作为一个品牌开始自立门户的副牌酒，值得人们的关注"。

玛歌酒庄
三牌红葡萄酒

拉图酒庄
三牌红葡萄酒

3

经过相对较短的
熟成便可饮用

　　一般来说，正牌葡萄酒必须经过长时间的熟成。虽然与个人的喜好不无关系，但据大岩由纪夫说，至少需要15年以上的时间。与此相对，副牌酒经过10年左右熟成即适合饮用。不装腔作势、不用力过度，副牌酒以其更亲民的姿态，作为超一流酒庄精心酿造的高级葡萄酒，呈现在葡萄酒爱好者的面前。

年份酒
身价高

拉图酒庄年份葡萄酒的历史极其悠久，自然价格高企。今天珍藏的副牌酒，或许有朝一日也能成为珍贵名酒。

细细盘点五大酒庄的"副牌酒"

在一睹正牌酒风采之前，让我们先来一探五大酒庄副牌酒的真面目。
在此先为各位介绍其中的5款。

咨询：爱诺特卡酒业（ENOTECA）广尾本店

① 超越副牌酒领域的特级葡萄酒。

② 气质阴柔的副牌酒，无愧于玛歌酒庄的迷人风味。

拉图酒庄2011年
副牌红葡萄酒
LES FORTS DE LATOUR

▶ 酒庄：拉图酒庄

▶ 葡萄品种：
赤霞珠61.5%、梅鹿辄38.5%

▶ 容量：750毫升

▶ 价格：28,080日元

据酒庄领头人弗雷德里克·安吉拉介绍，这是一款严选葡萄，极致追求品质的年份酒，其风味与2001年款类似。

玛歌红亭2013年份
红葡萄酒
PAVILLION ROUGE
DU CHATEAU MARGAUX

▶ 酒庄：玛歌酒庄

▶ 葡萄品种：赤霞珠84%、
梅鹿辄10%、小维多、品丽珠6%

▶ 容量：750毫升

▶ 价格：21,600日元

▶ 价格：28,080日元

丰富的果味中，还带有华丽的香味，以及微妙的烟熏味。其柔和及圆润令人惊艳，是绝对不可错过的一款美酒。

(First Label)

2011年份酒，具有强烈的个性与风格。只需轻呶一口，便可知其拉图酒庄的出身。售价118,800日元

(First Label)

具有玛歌风格的果味，在香味中似可寻见松露、紫罗兰。2013年份酒售价62,640日元

❸ 风格优雅美丽，表现极致的经典酒款。

❹ 副牌中的珍品，号称比正牌酒更难入手。

❺ 实力派副牌酒，其原料与正牌酒出自同一片葡萄园。

拉菲珍宝2013年份干红葡萄酒
CARRUADS DE LAFITTE

▶ 酒庄：拉菲古堡酒庄
▶ 葡萄品种：赤霞珠64%、梅鹿辄29%、品丽珠4%、小维多3%
▶ 容量：750毫升
▶ 价格：27,000日元

酒体特点是其单宁的肌理细腻、圆润。黑色果实的芳醇中，散发着伟大的拉菲古堡酒庄的气韵。

> First Label

这是1885年被选为梅多克地区一级酒的拉菲。在葡萄酒中，是象征"品位"的珍稀酒款。2013年产售价86,400日元

木桐酒庄2013年份副牌红葡萄酒
LE PETIT MOUTION DE MOUTON ROTHSCHILD

▶ 酒庄：木桐酒庄
▶ 葡萄品种：赤霞珠、梅鹿辄、品丽珠
▶ 容量：750毫升
▶ 价格：18,360日元

口味浓厚、骨架扎实，木质的香味与华丽的口感复杂地交织在一起。年产量约3,000瓶，是一款珍贵的副牌酒。

> First Label

杏仁与紫罗兰香隐藏其中，酸味与醇厚并举。2013年产售价59,400日元

小侯伯王2013年份红葡萄酒
LE CLARENCE DE HAUT-BRION

▶ 酒庄：侯伯王酒庄
▶ 葡萄品种：赤霞珠27%、梅鹿辄57%、品丽珠16%
▶ 价格：15,120日元
▶ 容量：750毫升

2007年经历过改造的侯伯王酒庄，于2013年酿造此款副牌酒，其原料与正牌酒出自同一片葡萄园，仅树龄不同而已。

> First Label

酒中顺滑无分层的果实美味，与丝般口感的单宁味道一同在口腔中绽放，是一款气氛庄严的美酒。售价62,640日元

代表意大利的"光与影兄弟葡萄酒"

法国是长久以来葡萄酒界的聚焦点，
但出身意大利的副牌葡萄酒同样值得瞩目。

对传统口味与香味的坚守，
奠定阿玛罗尼的王者地位

古典阿玛罗尼干红葡萄酒
Amarone Classico

泽纳多酒庄创建于1960年，在瓦坡里
切拉地区、卢盖纳地区均从事葡萄酒
酿造。对葡萄栽培的严格管理贯彻始
终，其价值也正体现在此款酒中。

▶ 酒庄：泽纳多酒庄

▶ 产地：威内托大区

▶ 葡萄品种：科维纳80%、
罗蒂内拉10%、科罗帝纳10%

▶ 容量：750毫升

※ 图片仅供参考

略有不同 ● 科维纳80%、罗蒂内拉10%、科罗帝纳10%

- -

基本相同 ● 将采收的葡萄直接装在木箱中，存放在空调管理完善的仓
库内三四个月后开始酿造。熟成的2～3年间，使用大酒桶
（3,000～5,000毫升）及小木桶（300毫升）。

极细微不同 ● 16.5%

- -

明显不同 ● D.O.C.G.（保证法定产区葡萄酒）

- -

极细微不同 ● 每个向量上的数值都处在高位，整
体平衡感佳，无愧于业界对其赋予
的美名。为保持这种平衡，而对此
酒施以稳定的生产、管理制度，这
一点令人折服。

- -

大不同 ● 8,500日元左右

两地相距之近
令人惊诧

正如我们在地图上看到的，两款酒
的产地可用"近在咫尺"形容。两
地看似"毗邻"，在制度上却被明确
地划定为不同的产区。

❶ 阿玛罗尼
威内托大区瓦坡里切拉法定产区

❷ 卡纳亚
威内托大区瓦坡里切拉区之外

卡纳亚 ❷　❶ 阿玛罗尼

瓦坡里切拉法定
产区

宁愿被这公认的顶级副牌酒"欺骗"

卡纳亚维罗纳红葡萄酒
Canaya Verona Rosso

此款酒来自酿造货真价实、高水准阿玛罗尼葡萄酒的酒庄，因有着强大的背景而被称为"隐形阿玛罗尼"。

➧ 酒庄: 安纳伯塔酒庄
➧ 产地: 威内托大区
➧ 葡萄品种: 科维纳、罗蒂内拉
➧ 容量: 750毫升
※ 图片仅供参考

科维纳、罗蒂内拉	葡萄品种
葡萄采收之后放入箱中，使其中30～40%的水分蒸发。压榨作业在12月末至1月进行。5次压榨之后，在控温之下发酵45天左右。此后，分别装入使用过1年、2年、3年的橡木桶，进行各6个月的熟成，合计18个月。	制造方法
14.5%	酒精度
I.G.T（地区佐餐酒）	等级
无论从甜度还是其他指标来看，此酒都无法达到阿玛罗尼的水准，但其胜在出色的平衡。这种平衡使酸味不致过强，相比阿玛罗尼，有些葡萄酒爱好者更偏爱此酒。	口味
2,000日元左右	售价

口味雷达图：厚度、酸味、单宁、果味、甜味

威内托大区

维罗纳大区

饮食手帐 — 葡萄酒

赤霞珠究竟是什么味道？

赤霞珠与黑皮诺并称葡萄酒界的两大巨头。
本节将就赤霞珠的魅力进行详细解说。

图片来源：樋口一郎

波尔多的代表性红葡萄品种，世界各地均有栽培。为玛歌酒庄等用于酿制高级葡萄酒。

骨架强大，
充满力量感，
是无可辩驳的硬派小生。

单宁味越强，
越得赤霞珠爱好者的欢心。

最适合搭配
肉类料理的是赤霞珠，
没有之一。

赤霞珠的十大产地及其特点

味 —— 在红葡萄酒中属于味涩且口味略重的。气候温暖的地区培育的赤霞珠，口味中带有浆果的香味，在口腔中缓缓弥漫开去。气候寒冷地区培育的赤霞珠，香味强烈，味道爽利。

- -

色 —— 赤霞珠葡萄酒色深红，呈现红宝石般的色泽。在熟成的过程中，会逐渐变成石榴石的色调。

- -

香 —— 特点是熟透的水果香味，以及薄荷般清凉的芬芳。在木桶中熟成期间，香子兰、椰子等木桶香转移至葡萄酒中。随着熟成，香味逐渐变得复杂。

[十大产地]

❶ 波尔多（法国）
❷ 纳帕谷（美国）
❸ 托斯卡纳（意大利）
❹ 智利
❺ 阿根廷
❻ 澳大利亚
❼ 新西兰
❽ 南非
❾ 西班牙
❿ 罗马尼亚

新时代的波尔多葡萄酒值得世人的关注

若说赤霞珠的代表产地，非波尔多莫属。波尔多葡萄酒酒体厚重，口味涩，一般加以熟成之后作为年份酒出售。近年来又增加了酒体轻盈，且带有甘美水果味的酒款，爱好者的群体进一步扩大。

维米尔斯酒庄葡萄酒
Chateau Les Vimieres

➤ **酒庄**：上梅多克酒庄
➤ **葡萄品种**：赤霞珠70%、梅鹿辄30%
➤ **容量**：750毫升
➤ **价格**：3,996日元
➤ **进口商**：mottox

上梅多克酒庄的主人布瓦朗诺，是拉菲等四大一级酒庄的著名酿酒顾问。此款酒带有成熟的黑色水果，以及樱桃的风味。

宝梦酒庄葡萄酒
CHATEAU BEAUMONT

➤ **酒庄**：梅多克酒庄
➤ **葡萄品种**：赤霞珠、梅鹿辄、品丽珠、小维多
➤ **容量**：750毫升
➤ **价格**：2,650日元
➤ **进口商**：FWINES

梅多克属于中级酒庄。圣朱利安葡萄酒力道强劲，玛歌葡萄酒酒体柔和，居于二者之间的屈萨克便是梅多克酒庄的所在地，所产的葡萄酒也较为中庸。

波尔多地区的骄傲，红葡萄酒品种的王者

在当今全球栽培的，用于酿制红葡萄酒的葡萄中，赤霞珠是无可争议的顶级明星。赤霞珠是法国波尔多地区最具代表性的葡萄品种，由品丽珠与长相思经自然交配而得。其特点是果粒小，外皮蓝中带黑。葡萄籽含有高强度的单宁，因此酿出的红葡萄酒色泽深浓，口味涩。

这种独特的成分以"精炼过的涩味"体现在酒液的口味中，人们所喜欢的涩味指的也正是这个。赤霞珠因被玛歌酒庄等用于酿制高级葡萄酒而知名。

葡萄酒新知识

颠覆既有常识的新葡萄酒故事

基于过往的葡萄酒知识而为人所知的信息，如今已在不断地变化。
为了紧随时代的脚步，我们必须充分了解新的葡萄酒知识。

新知识

No. 1

当代日本葡萄酒界两大泰斗

新知识

No. 2

利用传统酿造方法
打造自然葡萄酒的天地

新知识

No. 3

寿司的好拍档——红葡萄酒

新知识

No. 4

准备迎接下一波阿根廷葡萄酒热潮

8

款品牌新知识

新知识

No. 5

重新认识意大利葡萄酒

新知识

No. 6

强化酒魅力大起底

新知识

No. 7

当代日本葡萄酒界2名
杰出的女性酿酒专家

新知识

No. 8

专业人士推荐宜搭红酒小菜10款

用力量与热情打造"热"葡萄酒

当代日本葡萄酒界两大泰斗

当今世界最"热"的葡萄酒大概是日本的葡萄酒。本节将聚焦日本葡萄酒界的两大泰斗，看他们如何以个人的热情推动日本葡萄酒发展的进程。

图片来源：加藤史人/阿部智巳

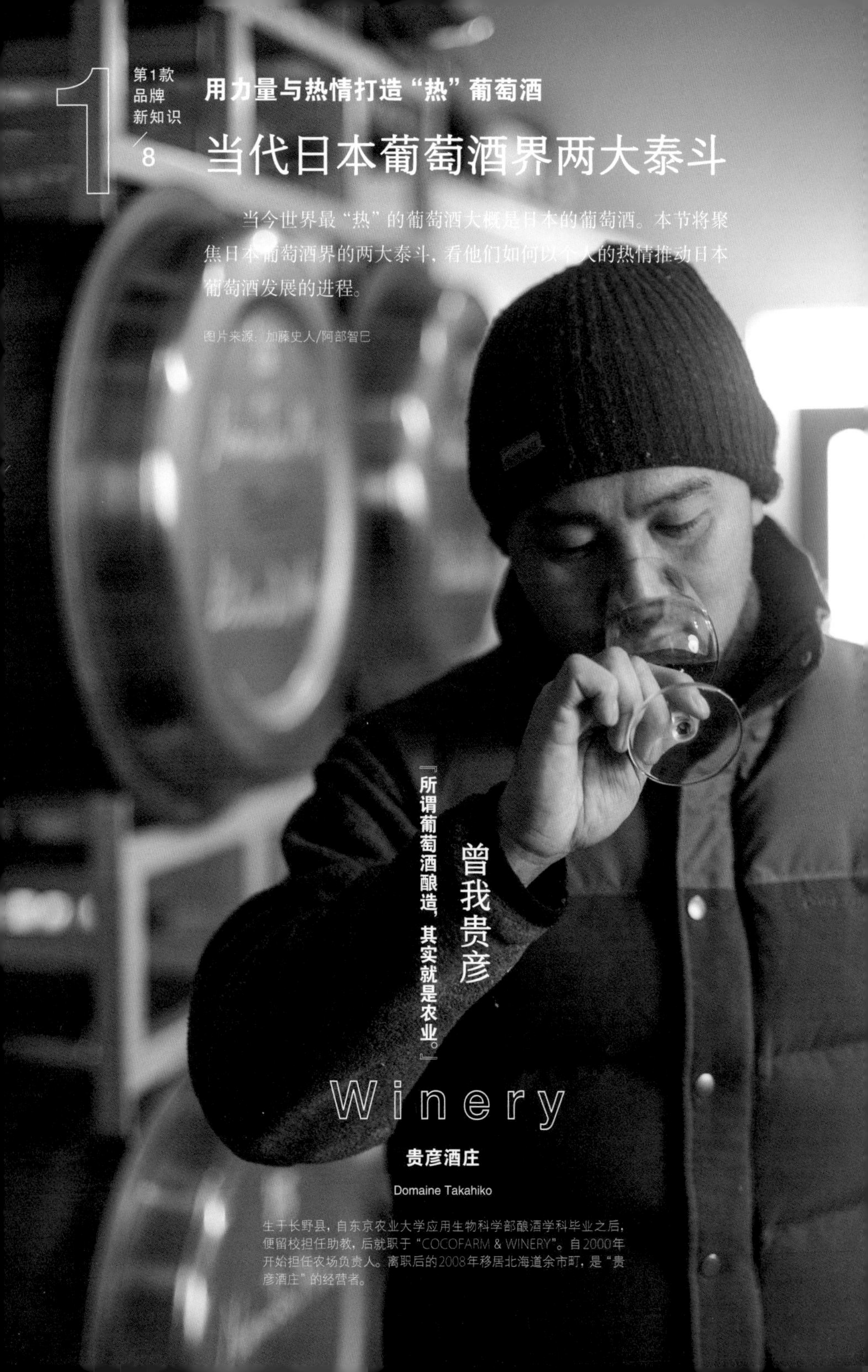

所谓葡萄酒酿造，其实就是农业。

曾我贵彦

Winery

贵彦酒庄

Domaine Takahiko

生于长野县，自东京农业大学应用生物科学部酿酒学科毕业之后，便留校担任助教，后就职于"COCOFARM & WINERY"。自2000年开始担任农场负责人。离职后的2008年移居北海道余市町，是"贵彦酒庄"的经营者。

内藤邦夫

「日本葡萄酒足可夸耀世界」

Winery

休闲酒窖
Cave de Relax

离开日本美露香之后，入职酒类折扣连锁店"Kamiya"，参与东京地区店铺的设立，统管首都圈10家店铺。1994年创建葡萄酒专卖店"Cave de Relax"（休闲酒窖），并将其打造成为日本代表性的葡萄酒专卖店。

以黑皮诺决胜负
走访日本葡萄酒的年轻传道士

北方大地上的酒庄所秉承的
葡萄酒酿造哲学究竟是什么？
让我们一起来解锁其缘起与愿景吧。

使用自家培育的葡萄酿造葡萄酒

北海道拥有广阔的田地，寒冷的气候。因此，多年来各种酒庄如雨后春笋般纷纷创立。其中，积丹半岛面朝日本海，在位于其底部的余市町，坐落着一个受到日本葡萄酒业者关注的，由小家族经营的酒庄，它就是"贵彦酒庄"。

该酒庄的所有者是一户农家，利用自有葡萄园中有机栽培的一棵黑皮诺酿造葡萄酒。

为什么在余市仅使用黑皮诺酿造葡萄酒呢？要解开这个谜题，不妨先到此地来走一走。

曾我贵彦是拥有150年历史的长野县"小布施酒庄"的长子，曾就读于东京农业大学酿酒学科，一开始学习日本酒。受日本经济泡沫的影响，辣味葡萄酒风靡日本，在业界刚出现侍酒师时，曾我贵彦开始将目光投向葡萄酒。

"我哥哥是美露香前厂长浅井宇介的粉丝。浅井老师曾提出'葡萄酒来自葡萄园'的思想，他对此很感兴趣。"

当时，曾我贵彦尚在大学研究所工作，主要从酵母开发及生物工程的观点出发，来看待葡萄酒，后来逐渐开始思考葡萄园的重要性。三年后离职的他，就任栃木县"Coco Farm & Winery"农场负责人，并师从全球著名的葡萄栽培专家理查德·斯马特博士，学习葡萄栽培技术。

（1）用脚尽量轻柔地踩皮。
（2）黑皮诺品种娇贵，栽培难度大。
（3）"Nana-Tsu-Mori" 种黑皮诺占地4.5公顷，
栽种了1万～1.3万棵黑皮诺葡萄树。

"除了学习肥料知识，以及如何应对雨水，我还学习了农业的科学化进程、酿造最新技术等各种知识。"

"究竟为什么要在日本栽培葡萄树，酿造葡萄酒呢？购买指定国家酿造的葡萄酒，不就可以满足享用世界葡萄酒的愿望了吗？而我的想法是，要在日本酿造葡萄酒，就应该使用日本的葡萄，做出日本人觉得美味的葡萄酒。"

当时，葡萄酒业界热烈讨论的话题是自然葡萄酒。

"比如汝拉岛的普萨品种，在柔和之中，带着高级汤汁般浓厚的香味，味美而新鲜。"

日本多雨的气候，是不利于葡萄栽培的因素。或许也正因多雨，土壤中微生物活跃，反而培育出了层次丰富的味道，造就了"旨味"这一日本特有的饮食文化。这一点与自然葡萄酒的概念是一致的。

"日本人要用自己的葡萄酒来展现细腻而宽厚的味道，我认为黑皮诺是最适合的"。曾我贵彦认为，在日本适合栽培欧洲品种葡萄的应是"排水良好的葡萄园，全年凉爽的气候。同时不遮雨，不对土地施以任何覆盖，可以在接近自然的状态下栽培，而且采收量稳定，葡萄果农即便不开设酒庄也可以生活的土地"。

用曾我贵彦的话说，按照法国的模式酿造葡萄酒并无意义，因此造就日本的水源及作物的火山土是一个关键要素。30多年前在余市开始栽培黑皮诺葡萄的木村忠，是日本屈指可数的专业酿酒葡萄果农，曾我贵彦与之邂逅之后，于2009年移居余市，次年接手一片种植七种水果的果园，改种黑皮诺，并命名为"Nana-Thu-Mori"。果园内有一个由仓库改造而成的小型酿酒坊，但他认为自己并不是一名酿造者。

"Domaine"一词指用自家葡萄酿酒的酿酒葡萄园，这种想法被融入了该词之中。

"我辞职来到北海道酿酒，不是为了经营企业，也不是为了成为酿造者，更不是为了发财。我只想做一名农户，用自己种出的葡萄酿酒。我不想将别人的劳动成果据为己有。葡萄酒酿造属于农业。因为采收量有限，自家葡萄

（1）葡萄酒要在从法国进口的旧木桶中熟成12个月。2015年实验性地将"黑中白"在不锈钢酒桶中熟成。
（2）只要对酒的味道没有影响，便无须过分拘泥于器械和工具。
（3）使用硫黄熏蒸空酒桶以杀菌。

园无法100%供应原料。我认为，一个葡萄果农如果不能只用自家的葡萄酿酒养活家人，就不能说自己酿的是真正的葡萄酒。"

曾我贵彦还表示，他要做的不是短期，而是可长期持续发展的葡萄园。

将农业与酿酒作为本地文化加以推广

曾我贵彦牵头酿造的旗舰葡萄酒，不借助任何酵母、澄清剂、过滤机，充分挖掘潜藏在成熟葡萄中的特质。它选用从七森（Nana-Tsu-Mori）购入的"贵彦酒庄七森黑皮诺"（Nana-Tsu-Mori Pinot Noir）品种葡萄，酒液色

淡，口感柔和，漂浮着甜菜、肉桂、腐叶土等来自森林植物的香味，浓郁的美味让人久久回味。正当人们将其奉为独一无二的美酒时，2013年产的那批酒力道之强劲，达到前所未有的程度。同年，几乎所有葡萄都感染了葡萄灰霉病，因此酿出的"七森黑中白"（Nana-Tsu-Mori Blanc de Noirs）口味浓厚，层次深远，与其他酒款大为不同，获得了很高的评价。2016年发布的2014年份酒，据说口味比2013年份酒更上层楼。

曾我贵彦心目中理想的葡萄酒，是"实现酿造者自我表达的葡萄酒"。

但是，他也希望自己的栽培、酿造技术是可以复制的。

"仅仅追求美味是不够的，应该实现可持续性发展，如果周围的人们不能栽培和酿造，那么农业就不会成为这个地区的产业。"

换句话说，需要重视地区的风土条件。因此，尽管要面对一些困难，此地每年还是会向研修生打开大门。

"我将黑皮诺栽培当作自己的工作，进行各种摸索，寻求无化学农药的方法来防治病虫害，保证葡萄采收量的稳定。如果我参与制造的葡萄酒能够换来大家的欢乐，我也会感到非常开心。如果我的方法可行，希望可以推而广之，也希望能开创将葡萄酒融入食文化的先河。但我的方法也未必是最佳的。比如说，研修生们在栽培风险较小的白葡萄品种上获得成功，不必像我那样辛苦，那么他们的方法更值得采用。"

孤芳自赏的葡萄种植者，对日本葡萄酒的远景满心憧憬。

"七森黑中白""七森黑皮诺"，以及利用余市的代表性红葡萄"茨威格"与"黑皮诺"混酿而成的"余市登干红葡萄酒"（Yoichi Nobori Passetoutgrain）。

档案
贵彦酒庄（Domaine Takahiko）

地址/北海道余市郡
余市町登町1395
☎ 0135-22-6752
http://www.takahiko.co.jp/

※ 不提供酒庄参观、葡萄酒销售服务。如需购买，请登录主页查看零售店信息。

详解世界瞩目的日本葡萄酒

来自"休闲酒窖"的内藤邦夫，为我们揭秘日本葡萄酒所处的环境。

著名的"休闲酒窖"是足以代表日本的葡萄酒商店，店中日常售酒超过2000种。每一种酒的酿造者都拥有自己的土地，使用自己种植的葡萄酿酒。

尽情感受葡萄酒的细腻，以及"产地直送"的新鲜度

日本葡萄酒的特点，大多体现在其优雅、细腻的口味中。内藤邦夫说道："从我这个从国外进口葡萄酒，在日本销售的人嘴里说出这种话，不免有些奇怪（笑）。但产地离销售地越近，越有利于保持葡萄酒新鲜、细腻的口

档案
休闲酒窖
地址/东京都港区新桥1-6-11
☎ 03-3595-3697
营业时间/11:00—20:00
休息日/1月1日～3日
http://caverelax.com/

感。无论国内还是国外，怀着诚意酿酒的人都不在少数。"

"虽然气候和风土各不相同，但世界各国的酿造者对于葡萄酒的信念都是相同的。事实上，日本的气候与土壤并不适合栽培葡萄。葡萄喜欢少雨干燥的气候，排水良好的碱性土壤，日本的环境恰恰与此相反。然而这也正是激励日本酿造者不懈研究的因素。

勃艮第的气候对于葡萄栽培来说也是过于寒冷，但酿造者凭借才智与努力，在极为不利的环境中造就出了'罗曼尼·康帝'这样的顶级葡萄酒。"

日本葡萄酒，不该被忽略的实力派

与海外葡萄酒相比，日本葡萄酒的品牌实力并不逊色。
本节就请跟随我们介绍做一番了解吧。

甲州葡萄，产量冠军！

日本的原产品种"甲州葡萄"拥有超过1000年的栽培历史。2010年在葡萄酒审查机构"国际葡萄与葡萄酒组织（简称OIV）"注册。内藤邦夫评价道"甲州葡萄通过培育方式发挥多样个性，也是很得我心的品种。"

甲州葡萄产于山梨县甲州市中心，是日本为数不多的葡萄产地之一。据传葡萄种子是经过丝绸之路传入山梨县的。

日本葡萄酒年表

1549	1874	1877	1890	1907	1909
天文十八年	**明治七年**	**明治十年**	**明治二十三年**	**明治四十年**	**明治四十二年**
传教士弗朗西斯科·沙维尔将葡萄酒带入日本。	山田宥教与诧间宪久共同在山梨甲府创建葡萄酒酿酒厂。	大日本山梨葡萄酒会社（美露香的前身）设立，这是民间首个葡萄酒酿酒厂。	川上善兵卫在新潟县创建岩之葡萄园，栽种欧洲葡萄苗木。	鸟井信治郎于4月开售"赤玉波尔图葡萄酒"，一时间博得大量人气。	登美农园（现三得利登美之丘酒庄）在山梨县茅岳山脚下正式开园（1912年竣工）。

1995	1997	1998	1999	2000	2002
平成七年	**平成九年**	**平成十年**	**平成十一年**	**平成十二年**	**平成十四年**
在第8届A.S.I.世界最佳侍酒师大赛中，田崎真也获得冠军。	在波尔多国际葡萄酒挑战赛中，美露香酒庄获得金奖。	借着红葡萄酒热潮（1993～1998年）迭起，日本国产葡萄酒产量激增。	小布施酒庄在卢布尔雅那国际葡萄酒评赛中获金奖。	月浦葡萄酒酿酒厂成立，仅使用自产的葡萄酿造。	长野县原产地名称管理制度山形县产认证葡萄酒制度启用。

实地探访最亮眼的酒庄

内藤邦夫在旅行途中邂逅了"长良天然葡萄酒厂"，并为其出品的葡萄酒着迷。该厂自昭和20年代开始酿造葡萄酒，几乎全部供应当地人，因此并不知名，是一家"识者自知"的酿酒厂。该厂使用天然酵母，无任何抗氧化剂，无添加。

档案

长良天然葡萄酒厂

地址/岐阜县岐阜市

重新制定标记规则

2015年，国税厅对日本葡萄酒标记进行了严格规定。根据规定，自2018年起，使用日本国产葡萄为原料，在日本国内制造的葡萄酒方可标记为"日本葡萄酒"。"自此终结了使用进口葡萄或浓缩果汁制造的酒类均标记为'国产葡萄酒'的历史。现认为，为了回馈生产者们对酿酒的精心培育，理所应当制定这样的规则。"

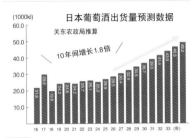

日本葡萄酒出货量预测数据

（1000kl）

关东农政局推算

10年间增长1.8倍

提示

3

日本国内约有210座葡萄酒庄

内藤邦夫说："随着日本葡萄酒知名度的提高，有志于创建酒庄或种植葡萄的人也越来越多。太多葡萄酒是我闻所未闻的。"个体经营者也在增加，并且有持续增加的趋势。

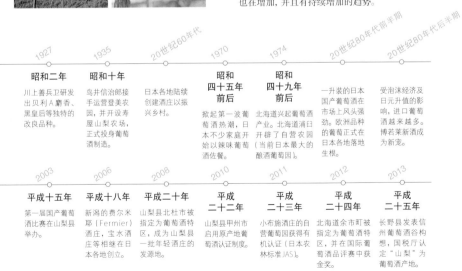

1927	1935	20世纪60年代	1970	1974	20世纪80年代前半期	20世纪80年代后半期
昭和二年	**昭和十年**		**昭和四十五年前后**	**昭和四十九年前后**		
川上善兵卫研发出贝利A麝香、黑皇后等独特的改良品种。	鸟井信治郎接手运营登美农园，并开设寿屋山梨农场，正式投身葡萄酒制造。	日本各地陆续创建酒庄以振兴乡村。	掀起第一波葡萄酒热潮，日本不少家庭开始以辣味葡萄酒佐餐。	北海道兴起葡萄酒产业。北海道浦臼开辟了自营农园（当前日本最大的酿造葡萄园）。	一升装的日本国产葡萄酒在市场上风头强劲。欧洲品种的葡萄酒正式在日本各地落地生根。	受泡沫经济及日元升值的影响，进口葡萄酒越来越多。博若莱新酒成为新宠。

2003	2006	2008	2010	2011	2012	2013
平成十五年	**平成十八年**	**平成二十年**	**平成二十二年**	**平成二十三年**	**平成二十四年**	**平成二十五年**
第一届国产葡萄酒比赛在山梨县举办。	新潟的费尔米耶（Fermier）酒庄，宝水酒庄等相继在日本各地创立。	山梨县北杜市被指定为山梨葡萄酒特区，成为山梨县一批年轻酒庄的发源地。	山梨县甲州市启用原产地葡萄酒认证制度。	小布施酒庄的自营葡萄园获得有机认证（日本农林标准JAS）。	北海道余市町被指定为葡萄酒特区。葡萄酒正式在国际葡萄酒品评赛中获金奖。	长野县发表信州葡萄酒谷构想，国税厅认定"山梨"为葡萄酒产地。

参考文献:《日本葡萄酒诞生及幼儿期 本国葡萄酒产业史讨论研究》麻井宇介（日本经济评论社）、《山梨县葡萄、葡萄酒产业50年》内藤钦一、《山梨县葡萄酒发展史 胜沼 葡萄酒百年发展》上野晴朗（山梨县东山梨郡胜沼町区公所）、《日本的葡萄酒》山本博（早川书房）

肩负日本葡萄酒未来使命的12款葡萄酒

其中有些是难得一见的珍贵酒款

它们都是日本风土培育出的葡萄酒，
每一款都有丰满的个性。
在日本生活的人们怎可错过？

※ 产品咨询通用窗口
"休闲酒窖"
（☎ 03-3595-3697）

地区 **01**

黑皮诺葡萄酒

Pinot noir

酒庄　山崎酒庄
葡萄品种　黑皮诺
容量　750毫升
（图片仅供参考）

使用北海道三笠市自营葡萄园中栽培的葡萄酿制。酒标上有一朵花，5片花瓣的图案来自山崎一家五口的指纹。

地区 **03**

无抗氧化剂葡萄酒

Sans Soufre

酒庄　武田酒庄
葡萄品种　德拉瓦尔
容量　750毫升
（图片仅供参考）

这个创建于大正十一年的老字号酒庄，如今主要由第五代管理者岸平典子负责运营。因其栽培环境贴近自然而备受瞩目。

地区 **02**

五月长根葡萄园白葡萄酒

さつきながねぶどうえん

酒庄　艾德鲁酒庄（EDEL WEIN）
葡萄品种　Riesling Lion（雷司令与甲州三尺交配而成）
容量　720毫升
（图片仅供参考）

以岩手县大迫町利用岩盘土栽培的葡萄为原料。自2001年起，连续11年在国产葡萄酒大赛中获奖。

地区 **04**

深雪花

みゆきばな

酒庄　岩原葡萄园
葡萄品种　贝利A麝香
容量　750毫升
（图片仅供参考）

岩原葡萄园由被誉为"日本葡萄酒之父"的川上善兵卫于明治二十三年创建。他还因培育出贝利A麝香品种而知名。

地区 **05**

太阳依然升起
ひはまたのぼる

酒庄　Coco Farm & Winery
葡萄品种　丹娜、赤霞珠
容量　750毫升
（图片仅供参考）

Coco Farm & Winery是日本顶级酒庄
之一，20世纪50年代开山造田之后，
在其上种植了各种葡萄。

地区 **06**

丸藤九州酒泥陈酿葡萄酒
Rubaiyat Koshu Sur Lie

酒庄　丸藤葡萄酒
葡萄品种　甲州
容量　720毫升
（图片仅供参考）

创建于明治23年的丸藤葡萄酒工业
株式会社，是山梨地区首屈一指的酿
酒企业。甲州葡萄一向适合酿造甜味
葡萄酒，而丸藤则首次将其用于酿造
辣味葡萄酒。

地区 **06**

珍藏甲州白葡萄酒
Kisvin
KOSHU RESERVE

酒庄　吻酒庄（Kisvin）
葡萄品种　甲州
容量　750毫升
（图片仅供参考）

吻酒庄的葡萄酒甫一上市便受到多
方瞩目。此款顶级葡萄酒的主要酿造
者，是原水果葡萄果农萩原康弘。

地区 **06**

格雷斯酒庄品丽珠葡萄酒
Grace Caberne-Franc

酒庄　中央葡萄酒
葡萄品种　品丽珠
容量　750毫升
（图片仅供参考）

使用著名的美女酿酒家三泽彩奈亲
手培育的葡萄酿制。图片所示为使用
100%品丽珠酿造的葡萄酒。

地区 **07**

鲁德文酒庄黑皮诺葡萄酒
Rue de Vin/Pinor Noir

酒庄　鲁德文酒庄（Rue de Vin）
葡萄品种　黑皮诺
容量　750毫升
（图片仅供参考）

所用葡萄来自东御市的自营葡萄园。
自己开垦苹果园，种植霞多丽、梅鹿
辄等品种。

地区 **07**

东方别墅珍藏霞多丽葡萄酒
VILLA D'EST
VIGNERONS RESERVE
CHARDONNAY

酒庄　东方别墅（VILLA D'EST）
葡萄品种　霞多丽
容量　750毫升
（图片仅供参考）

酒庄由随笔作家玉村丰男经营。酒庄
内的咖啡屋每年都有一段时间对外开
放，不少远方来客慕名而来。

地区 **08**

无过滤霞多丽葡萄酒
CHARDONNAY Unifilterd

酒庄　都野葡萄酒
葡萄品种　霞多丽
容量　750毫升
（图片仅供参考）

这是来自宫崎县的葡萄酒。人们对并
不适合葡萄栽培的火山灰土进行了不
懈的改良，终于将此地改造成日本顶
级的霞多丽产地。

地区 **09**

菊鹿霞多丽木桶熟成葡萄酒
きくかシャルドネたるじゅくせい

酒庄　熊本葡萄酒
葡萄品种　霞多丽
容量　720毫升
（图片仅供参考）

使用熊本县菊鹿町栽培的霞多丽酿
造。采取在气温低、酸度高的凌晨采
收葡萄等手法。

饮食手帐　—　葡萄酒

109

早已从流行风潮转为标准化

利用传统酿造方法
打造自然葡萄酒的世界

当今世界各国酿造的葡萄酒令人眼花缭乱。

在此形势之下，那些怀揣热望的酿造者，

更希望复原葡萄酒最初的姿态。

那么，利用传统酿造方法打造的自然葡萄酒的世界究竟是什么呢？

图片来源：久保田敦

活菌所带来的独特口味

这种葡萄酒中有酵母存活

教官
"Rocks Off" 店主
若林康史

店内常备2500～3000种葡萄酒，环境温度保持在19℃，自然葡萄酒柜保持在12.5℃，常年放下的百叶窗遮蔽着阳光。

档案
Rocks Off

地址/神奈川县藤泽市鹄沼石上2-11-16
☎ 0466-24-0745
营业时间/11:00-20:00
（周六、日11:00-22:00）
休息日/周一
http://rocks-off.ocnk.net

"自然葡萄酒的定义极其简单，就是利用浮游在空中的野生酵母使葡萄发酵，在酿制过程中加入微量亚硫酸盐，或不添加任何物质酿制而成的葡萄酒。"——"Rocks Off"店主若林康史如是说。

"顺带说一下，我觉得耳熟能详的'生物葡萄酒'是一个模糊的概念，究竟是指有机葡萄酒还是自然葡萄酒还有待商榷。"

"有机葡萄酒 ≠ 自然葡萄酒"，这是绝不可弄错的。

所谓有机葡萄酒，是指所有使用有机栽培的葡萄酒酿造葡萄酒。其中也包括人为添加酵母使之发酵，加酸或加糖的"非自然葡萄酒"。葡萄酒酿造者中，酿造自然葡萄酒者不到0.01%。自然葡萄酒的酿造难度大、风险高，为什么仍有人从事此道呢？让我们来听听酿造者们内心的声音。

"美味自然葡萄酒多种多样，而且我认为这是一个潜力很大的品类。"

斯人已逝，无从当面请教。
自然葡萄酒的基础知识

"什么是自然葡萄酒？"
回答之前，让我们先来看看自然葡萄酒的定义。

提示
——
1

©野村 Unison

自然葡萄酒之父马塞·拉皮尔的丰功伟绩

    自然葡萄酒奠基者马塞·拉皮尔从20世纪80年代起，就立志在以博若莱新酒闻名的博若莱地区酿造自然葡萄酒。为了在不使用任何除草剂、杀虫剂、化学肥料的前提下培育葡萄，以及酿造不添加亚硫酸盐的葡萄酒，他付出了常人难以想象的劳动。2010年马塞去世之后，那些继承其遗志的酿造者仍在世界各地为自然葡萄酒而努力。马塞的儿子马修·拉皮尔采用有别于其父的流程酿酒，以此引起了广泛的关注。

提示
——
2

	普通葡萄酒	自然葡萄酒
抗氧化剂（亚硫酸盐）	允许在限定氛围内使用※	极少量使用，或完全不添加
葡萄栽培方法	无规定	尽可能不使用农药、化学肥料
外观	以清澈为多	以不经过滤，浑浊者为多
味道	清爽	原始，可感知杂味

※ 每升在35毫克以下为理想状态

自然葡萄酒与普通葡萄酒对照表

    普通葡萄酒允许在限定氛围内使用亚硫酸盐（据说每升在35毫克以下为理想状态），自然葡萄酒则不使用亚硫酸盐，且尽可能遵循传统方法酿造，以此保持葡萄独特而丰富的香味与口味。其特点是酵母存活于自然葡萄酒瓶中，因此比普通葡萄酒更难进行温控。借用若林康史的话，"无所谓孰优孰劣，根据个人喜好及场合加以选择罢了。"

发挥自由想象设计酒标

自然葡萄酒的瓶身上，不少酒标的设计别出心裁，有的是电影名作主题画，有的是艺术设计。若林康史笑说："也许因为挑战者中不少是独立酿造者的缘故吧。也不乏将自然葡萄酒酒标做得一本正经的，这样的人性格或许比较较真。"看来，酿造者的性格也会直接映射在酒标上。照片中的通用名称"黄昏双镖客酒标"是克洛歇酒庄的"波尔尼恩波格尼德布特烈酒"（Pour Une Poignee de Bouteilles）。

1. 生物动力法
（有机种植法）

现实中，此法遵循有机种植认证机构（但必须事先了解哪些农药可以使用）的规范。

2. 自然动力法

参考月历培育葡萄，酿造葡萄酒。

3. 理性控制法

适度使用农药的种植方法。根据气候、虫害等的情况，弹性使用农药或尽量不使用农药。

©野村Unison

除自然农法，培育葡萄的方法分为三类

培育葡萄的方法分为以下几种：全凭自然之法培育的"自然农法"；不使用化学肥料，只使用有机肥料（法语称Organic）的"生物动力法"；遵循月盈月缺等天文现象栽培，播撒生物试剂培育的"自然动力法"以及"理性控制法"。

饮食手帐 —— 葡萄酒

值得推荐的自然葡萄酒

本节推荐的几款酒, 可谓葡萄酒界万众瞩目的新星。

那些未来可期的年轻生产者值得业界关注。

No.01

2014年戈多葡萄酒

CUVES DES BRASSEURS
GORDO BLANCO 2014

酒庄　阿格里科拉卢伊特有限公司
(路易-安托万·卢伊特)
产地　智利 伊达达山谷
葡萄品种　亚历山大麝香
容量　750毫升
价格　待定。
※无进口现货。

这是智利最早的自然葡萄酒, 由路易-安托万·卢伊特酿造。"此酒属于芳香型, 口味清爽, 是一款难得的好酒。"

No.02

双柄陶罐

AMPHOREVE
RIBOLLA GIALLA 2011
2011年丽波拉葡萄酒

酒庄　帕拉肖斯酒庄
产地　意大利、弗留利-威尼斯朱利亚大区
葡萄品种　丽波拉
容量　750毫升
价格　5,432日元
※有进口现货 (不足50瓶)

在素烧罐中经过6个月的熟成后方可上市。"罐中熟成的方法, 使葡萄酒中融入来自陶罐的矿物质风味, 形成独特的口味。"

No.03

汤米·拉夫

TOMMY RUFF
syrah mourvedre
2013年西拉/慕合怀特混酿葡萄酒

酒庄　汤姆·肖布布鲁克酒庄 (Tom Shobbrook)
产地　澳大利亚、南澳洲
葡萄品种　西拉、慕合怀特
容量　750毫升
价格　5,000日元
※店内有现货, 现有2014年份酒 (4,730日元)

汤姆·肖布布鲁克是澳洲知名的酿造者。"此酒味道自然而优雅, 其酿造者有资格站在世界酿酒业的颠峰。"

2014年福森葡萄酒

FUSION 2014

酒庄　无控制酒庄
　　　（Domaine No Control）
产地　法国 奥弗涅大区
葡萄品种　奥弗涅大区佳美
容量　750毫升
※ 现有2014年份酒（3,866日元）

2016年1月首次进入日本市场。对于离开Gerard Schueller（杰拉德·舒勒）酒庄自立门户的酿造者，若林康史评价其"前程远大，必定成名"。

2014年苏拉葡萄酒

SOULA 2014

酒庄　佩奇佩鲁酒庄
　　　（Domaine de Pechpeyrou）
产地　法国 鲁西荣产区
葡萄品种　歌海娜、佳丽酿、穆尔韦德
容量　750毫升

此款酒是最近的人气款，若林康史强力推荐。在其醇厚的味道中可以感受到复杂的风味。

弗朗索瓦·圣罗堡
2013年白诗南葡萄酒

Le Chenin de vie 2013

酒庄　弗朗索瓦·圣罗堡
产地　法国卢瓦尔河地区
葡萄品种　白诗南
容量　750毫升
※ 现有2014年份酒（4,676日元）

这是令若林康史为之惊艳的一款酒。"那味道犹如将苹果烤制后切碎调入酸奶，再浇上蜂蜜，滴几滴柠檬汁的感觉。"

米诺利微起泡天然发泡非过滤2012年雷司令葡萄酒

Minori
Petillant Naturel
Ribo'bulles
non filtre non
suffite Riesling
2012

酒庄　泽维尔·怀曼庄园
　　　（Domaine Xavier Wymann）
产地　法国 阿尔萨斯大区
葡萄品种　雷司令
容量　750毫升
※ 现有2013年份酒（3,002日元）改名为 Minori Minori Lisboa Ribo'Bulles non filtre non suffite

阿尔萨斯酿酒大师泽维尔·怀曼针对日本市场酿造的自然葡萄酒（微起泡）。"恰到好处的果味，最适合搭配中国粤菜饮用。"

2013年七森葡萄酒

Nana Tsu Mori 2013

酒庄　贵彦酒庄
产地　日本 北海道
葡萄品种　黑皮诺
容量　750毫升

"此酒的酿造者是日本自然葡萄酒界的领军人物，立志于100%使用本酒庄种植的葡萄酿酒"。开售之日便吸引大批拥趸前往购买。

2014年麦多米葡萄酒

Mai Domi 2014

酒庄　法尔内亚酒庄（Farnea）
产地　意大利 威内托大区
葡萄品种　品丽珠
容量　750毫升
价格　3,056日元
※ 有进口现货（剩余20瓶），店内无现货。

很少有人使用赤霞珠酿造自然葡萄酒。"适合喜欢波尔多或赤霞珠的人士饮用"。

饮食手帐 ── 葡萄酒

自然葡萄酒拥趸必选的酒

超越了品类的藩篱，在各家专卖店都大受欢迎的自然葡萄酒究竟是何方神圣？
从我们为您甄选的酒中，您可以一探究竟。

东京 门前仲町

Passo a Passo

为心爱的美酒精心挑选美食

在"野鸭白萝卜炖烤马背奶酪"中，使用微起泡的红葡萄酒作为调味料。这一方法将葡萄酒与美食巧妙地关联在一起，品酩乐趣倍增。此外，不妨尝试将葡萄酒与适宜与之搭配的发酵食品，奶酪、味噌共同用于烹调。用主厨的话说就是"使用自然葡萄酒的餐厅，必须将其味道与美妙传递给食客，并且掌控着葡萄酒的状态"。也正是这家餐厅，在食客面前打开了通往自然葡萄酒的大门。

卡米洛·多纳蒂
巴贝拉葡萄酒

Camillo Donati
Barbera

酒庄　卡米洛·多纳蒂酒庄
产地　意大利 艾米利亚-罗马涅
葡萄品种　巴贝拉
容量　750毫升
价格　4,000日元

带有浆果的芳香，果香醇郁。微起泡，口感清爽，是为美食锦上添花的美酒。

东京 神田

味坊

葡萄酒爱好者常去的
高架桥下的中国东北料理店

这家料理店的主人，是来自中国东北的梁宝玮，店里的招牌菜包括孜然烤羊肉串、炭火锅、羔羊肉水饺。而几乎所有食客用餐时，都会点上一份自然葡萄酒。店中的酒款约有20种，价格亲民，大多在2,500日元上下。葡萄酒爱好者对此店趋之若鹜也就不奇怪了。

佩里利埃酒庄
尼姆丘
2013年红葡萄酒

Domaine
de Perillière
Costières de Nîmes
Rouge 2013

酒庄　艾斯特萨格酒社
产地　法国 朗格多克
葡萄品种　西拉、歌海娜
容量　750毫升
价格　2,500日元

带有蓝莓、黑莓、紫罗兰等的芳香，新酿酒口感柔和、甘美的单宁令人愉悦。

东京 京成立石

关东煮二毛作

温柔的酱汁与自然葡萄酒的余韵
相得益彰

在鲣鱼、昆布熬制的酱汁中加入盐和酒，即可获得味道清淡的关东煮。日高店主认为"与温和、美味的酱汁搭配，自然葡萄酒最合适不过"，这也是他讲究自然葡萄酒的原因。自然葡萄酒的魅力在于，它贴近日本料理中的汤汁和美味，不过分拘泥于一点点在舌尖绽放的个性。店中有来自法国、意大利、日本等20多种葡萄酒。

卡农酒庄
玫瑰起泡酒

Le CANON
Rosé Primeur

酒庄　卡农酒庄
产地　法国 罗纳河谷
葡萄品种　玫瑰香
容量　750毫升
价格　850日元（玻璃瓶）

此款自然葡萄酒是日本人在法国酿造的起泡酒，香味甘美柔和，味道新鲜，赋予舌尖刺激之感。

**沃多皮威克维托斯卡
干白葡萄酒**

Vitovska Vodopivec

酒庄　沃多皮威克酒庄
产地　意大利 弗留利大区
葡萄品种　维托斯卡
容量　750毫升
价格　9,800日元

酒体厚重，不似白葡萄酒。利用
自然酵母在陶罐中发酵之后，移
入大酒桶熟成而得。

档案
Passo a Passo

地址/东京都江东区深川
2-6-1
☎03-5245-8645
营业时间/18:00—21:30
（最后点餐时间）
休息日/周三

**巨藤酒庄2014年
罗纳丘混酿白葡萄酒**

LES GRANDES VIGNES
Côtes du Rhône Blanc 2014

酒庄　艾斯特萨格酒社
产地　法国 罗纳
葡萄品种　白歌海娜、白克莱
雷、布布兰克
容量　750毫升
价格　2,500日元

此酒的原料，系从酒社各农户以
最高标准规划的土地上栽种的葡
萄中甄选。酒中矿物质与柔和的
酸性物质，以及浓厚的果味之间
的平衡令人着迷。

档案
味坊

地址/东京都千代田区锻
冶町2-11-20 1、2层
☎03-5296-3386
营业时间/11:00—14:30、
17:00—23:00
周日、法定节假日15:00—
22:00

**斋藤葡萄园贝利A
麝香红葡萄酒**

酒庄　斋藤葡萄园
产地　日本 千叶
葡萄品种　贝利A麝香
容量　720毫升
价格　750日元（玻璃瓶）

位于千叶的家族经营酒庄创立于
1938年，此款酒出自该酒庄，数
量极少。酒中无任何添加，香味
清爽。

档案
关东煮二毛作

地址/东京都葛饰区立石
1-14-4
☎03-3694-2039
营业时间/14:00—21:00、
周六、法定节假日12:00—
21:00
休息日/周日、每周第3个
周三

"江户前加工"原来行的是"牵线搭桥"之事

寿司与"红葡萄酒"其实很般配

寿司搭配葡萄酒——乍听之下，心中不免要对此打个问号。

然而，"银座鮨火乐"的老板却倡议将江户前寿司与红葡萄酒"联姻"。

我们特意就此采访了寿司店老板户川基成。

图片来源：铃木规仁

3 / 8

第3款
品牌
新知识

金枪鱼寿司卷

煮海鳗

干瓢寿司卷

芝麻酱油渍青花鱼

虾寿司卷

煮蛤

中鲔

赤贝

鲣鱼

渍青花鱼

寿司×葡萄酒的组合
来自日本人的感性

吃寿司不搭配日本酒，便不是风雅之举——

虽然这种观念由来已久，但近几年来，爱喝白葡萄酒的人群有逐年增加的趋势。在此情势下，"银座鮨火乐（KARAKU）"的老板户川基成极力推崇"将江户前寿司搭配红葡萄酒食用"。

这家店开张之初，户川老板一直根据酒坊的推荐来订购葡萄酒，直到一位知名的侍酒师留下"干瓢寿司卷与黑皮诺很般配"的评语，他认为这是个契机，因此开始学习葡萄酒知识，以便为客人推荐这样的组合。银座这个地方对葡萄酒的需求很旺盛，无形中也助推了食客的热情。此前并不嗜好葡萄酒的户川老板，据说自从他正式将葡萄酒引进寿司店之后，每年要消费掉600瓶葡萄酒。国际品酒师圈也对金枪鱼搭配红葡萄酒的话题展开热议，这正是"吃寿司，饮红酒"的明证。同时户川坚信，江户前寿司经过了"匠人的加工"也是秘诀。"比如，生赤贝一定是有腥

味的，红葡萄酒会激化这种腥味，因此二者不可搭配食用。白葡萄酒也很难搭配。但是我们餐厅的赤贝就和红葡萄酒相得益彰，这便是我们做了江户前加工的结果。"所谓江户前加工，是指对鱼贝类加以醋渍、腌渍，以调出食材中的鲜味的做法。与生赤贝不同，经过处理的赤贝腥味尽失，熟成感增加。可见食材与红葡萄酒的组合达到了"投契"的程度。"我们餐厅的人气菜品是酱渍金枪鱼寿司，这也是一种江户前技法，让食材脱水，延长保存时间，在食材内部熟成。去除了腥味的食材，经过熟成，风味更佳，与葡萄酒搭配自然更加和谐。"用户川的话说，醋米饭，以及大海寄生在海苔上的香味，也是促使寿司与葡萄酒"联姻"的关键元素。获得全球最大的葡萄酒教育机构"WSET"顶级资格的他，将寿司与葡萄酒"联姻"的理念所带出的愉悦不断地传递给各路食客。在他店内下单的饮料中，葡萄酒占比约为七成。

红葡萄酒推广大使

推荐官
"鮨火乐"店主
户川基成

在银座的寿司店打磨技艺超过10年之后，创立"鮨火乐"。他既是江户前寿司匠人，也是一名侍酒师。

档案
鮨火乐

地址/东京都中央区
银座5-6-16
西五番馆大厦B1
☎ 03-3571-2250
营业时间/11:30—14:00
（周六—15:00）、17:00—22:00
（周六—21:30）
休息日/周日、法定节假日
http://ginza-karaku.com

与"红葡萄酒"相配的江户前下酒菜

当理解了江户前寿司适合搭配红葡萄酒的概念之后，
我们要做的就只有品尝了。
让我们在此尽情享受户川老板推荐的几款搭配吧。

同调与补足
是联姻的关键

"以日式料理中的怀石料理为例，因着'匠人技艺'的存在，无论何时享用，其味道都是稳定不变的。也正因如此，我们才更容易从中找到与葡萄酒协调的要素"。通过对这些要素的结合，进而实现日式料理与葡萄酒的配对。户川认为，"同调"与"补足"对于寿司与葡萄酒的"联姻"非常关键，但更值得关注的是"酸味"与"香味"。"最基本的是酸味与香味的同调。单纯与生鱼也许难以搭配，一旦加入了醋米饭，便与生鱼变得亲密无间。说起"补足"，各位不妨想象将盐撒进西瓜，使之更甜的感觉。将一种食材中缺少的要素补充完整，从而激发出其中的风味，这就是"补足"。比如，该餐厅的煮海鳗中，散发着淡淡的柚子味。酱油、砂糖、味淋的甜味与柚子的酸味、香味便成为料理与黑皮诺达到协调的要素。

No.01
伯恩古堡
2010年葡萄酒
×
芝麻酱油渍鲷鱼

口味醇厚的芝麻，更贴近葡萄酒柔和的口感

这是一款骨架适宜的葡萄酒，红色果实的香味，与水果味形成优雅而美妙的和谐。葡萄酒的酸味浅且味道柔和，与腌渍鲷鱼的芝麻味和香甜的风味搭配出绝美的效果。

No.02
沃恩-罗曼尼
2010年葡萄酒
×
鲷鱼

与铁质同调
结合出绝妙效果

沃恩-罗曼尼种植在黏土质与石灰质完美混杂的土壤中，地理环境、日照时间、气温都具备培育葡萄的顶级条件。从中可以品出些微土壤和铁质的味道。因此，与血合肉等富含铁元素的红鲣鱼同调。

No.03

热夫雷-香贝丹
2013年葡萄酒
×
酱渍金枪鱼

葡萄酒与金枪鱼瘦肉部分的铁质同调

热夫雷-香贝丹属于鲜酿黑皮诺,因此带有果味般独特而强烈的酸味。富含矿物质,散发铁质香味。因此,虽含有相同铁质,但它更适合搭配酱渍金枪鱼。鲜酿的红葡萄酒与酱油有着超群的配合度。

No.04

拉格喜酒庄
2012年葡萄酒
×
煮海鳗

复杂的葡萄酒口味
与甜口的熬煮料理相配

拉格喜酒庄以酿造赤霞珠为主,是典型的波尔多式混酿葡萄酒。此酒味道复杂,适合搭配主打甜金枪鱼的江户前的煮海鳗。海鳗在煮之前烤制一下会更香,可与波尔多式混酿达到同调。

No.05

圣婴耶稣
2007年葡萄酒
×
金枪鱼中腹

前者醇厚,后者丰腴
二者口味形成绝妙和谐

此款酒的优雅、高尚品位,是对其葡萄园鲜明个性的彰显。2007年的圣婴耶稣葡萄酒,具有黑皮诺经过熟成而产生的醇厚口感,与金枪鱼中腹的丰腴口感达到同调。刷在中腹表面的酱油作为一种介质,更是同调的决定性因素。

No.06

拉菲酒庄
2004年葡萄酒
×
干瓢寿司卷

海苔、干瓢、醋米饭的平衡
与葡萄酒相契合

此酒为波尔多葡萄酒,酒款优雅、平衡度高,从中还可品出些微单宁味道。干瓢寿司卷这一指引户川老板打开眼界的菜品,与此款酒有着超凡的匹配度。"大海寄生在海苔上的香味,甜美的干瓢,醋米饭中的酸味,三者的平衡与葡萄酒达到同调。"

饮食手帐 — 葡萄酒

彻底验证江户前寿司与葡萄酒

说到底，江户前寿司与葡萄酒的匹配度究竟有多高呢？
让我们通过葡萄酒与酱渍金枪鱼的匹配度测试来验证一番吧。

江户前寿司的食材

"酱渍金枪鱼"

"腌渍"的目的是更好地保存食材。"鮨火乐"餐厅主要采用酱油为调味汁，长时间浸渍食材以获得黏稠口感。这种口感与葡萄酒的柔软质感同调。

雷达图说明

用数值表示香味、咸味、甜味、酸味、涩味。五边形表示酱渍金枪鱼的特性，红线表示红葡萄酒，紫线表示白葡萄酒及其他。数值重叠的部分越大，代表匹配度越高。

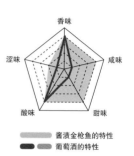

━━━ 酱渍金枪鱼的特性
━━━ 葡萄酒的特性

No. 01

红葡萄酒

/ 葡萄酒的余韵与酱渍金枪鱼的风味最搭 \

重酒体

玛歌酒庄2004年葡萄酒

香味
涩味　　　咸味
酸味　　　甜味

重酒体有密度高的意思，口味特点强劲有力、略带黏稠。此酒香浓味重，与熟成的金枪鱼的浓厚味道同调，匹配度很高。重酒体特有的甜味，与调入酱油、味淋、砂糖的酱渍金枪鱼最搭。

No. 02

红葡萄酒

/ 具有未成熟果实的香气和酸味 \

中酒体～重酒体

热夫雷-香贝丹2013年葡萄酒

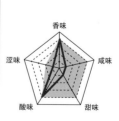

香味
涩味　　　咸味
酸味　　　甜味

此款酒味道复杂，口味丰富，带有黑莓般的果味与温柔的酸味。新鲜水果的香味及铁质与酱渍金枪鱼同调。脱水产生的成熟味道渗入腌渍汁，从而散发出铁质的芬芳，与新鲜葡萄酒也有超高的匹配度。

No.**03**

红葡萄酒

重酒体

依瑟索园1997年葡萄酒

醇厚的甜味也与
酱渍金枪鱼同调

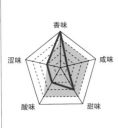

即便是勃艮第葡萄酒的爱好者，对依瑟索园葡萄酒也怀着向往之情。此款酒系在与罗曼尼·康帝酒庄的葡萄园毗邻的葡萄园中酿造。本着1997年份酒的身份，其来自熟成的浓香与酱渍金枪鱼同调。随着岁月的推移，酒中的酸味渐弱，甜味醇厚，与酱渍金枪鱼可谓绝配。

No.**04**

白葡萄酒

**夏布利产区威廉·费尔酒庄
葡萄酒**

高盐的咸味与酸味
发生冲撞

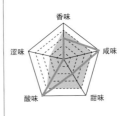

从理论上说，适宜搭配鱼贝类料理的应是白葡萄酒，但酱渍金枪鱼因香味浓烈，实际上更亲近红葡萄酒的特性。此外，因此酒的原料葡萄来自富含矿物质的石灰质土壤，其中带有独特的咸味，且酸味重，因此相对来说更能与红葡萄酒达成同调。

No.**05**

Champagne

汉诺帝王香槟酒

酸味及芬芳
与金枪鱼同调

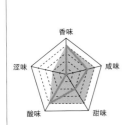

在全球享有盛誉的汉诺家族，是拥有200多年历史的酿酒世家。据说所用的原料葡萄中，霞多丽与黑皮诺各占一半，非常适宜搭配酱渍金枪鱼。霞多丽熟成时间长，口味醇厚，也与酱渍金枪鱼特性相近。

No.**06**

ROSE

小森林玫瑰红葡萄酒

馥郁的酒体
及奶油般的味道

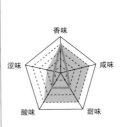

酒中散发红色果实的风味，令人联想起樱桃、草莓及树莓，是一款迷人的辣味桃红葡萄酒。据户川介绍，玫瑰葡萄酒有红、白两种，两种葡萄的特点兼有，酒中的果味搭配酱渍金枪鱼可谓恰到好处。甜味较轻，但金枪鱼酱渍汁中的咸味完美地弥补了这一点。

饮食手帐 — 葡萄酒

新的流行风潮成为世人关注的焦点

准备迎接"下一波"
阿根廷葡萄酒热潮

葡萄酒行家的下一个宠儿是阿根廷葡萄酒。
若论阿根廷葡萄酒上位的原因，还得追溯其历史背景。

拍摄：加藤史人、伊藤惠一
图片来源：Getty Images
插图：寺下南穗
协力：阿根廷共和国大使馆/Wines of Argentina

历经500年历史，受人关注的原因是什么？

Cecilia：今天很高兴又能够与Whelehan女士一起聊聊阿根廷葡萄酒与食物的话题。

Whelehan：谢谢。前几天我无意间发现马尔贝克葡萄酒和豆馅儿很搭，就想着马上要告诉你。

Cecilia：你还真是时刻不忘研究葡萄酒和食物的关系啊。你是从什么时候开始了解阿根廷葡萄酒的呢？

Whelehan：这是个进口的时代嘛，十几年前就不时有机会采购到阿根廷葡萄酒。

Cecilia：可是在日本，还几乎没有人了解阿根廷葡萄酒。

Whelehan：是的。所以说实话卖得不太好（笑）。但后来有知名的葡萄酒顾问参与规划建造酒庄，酒款变得更加考究，逐渐得到专家的赏识。

Cecilia：阿根廷葡萄酒的魅力被关注到了。

Whelehan：我国自己消费的"饮料"变成了世界流通的"葡萄酒"，我也借此机会品尝了各种阿根廷的葡萄酒。

Cecilia：确实，近几年阿根廷葡萄酒发展惊人。阿根廷人原本就有着很强的探索欲。在葡萄酒酿造方面，越来越多家族经营的酒庄不安于现状，而是尝试引进新的葡萄品种，新的栽培方式。

Whelehan：人们利用其中树龄超过百岁的马尔贝克葡萄树上结的果实，酿造出了口味复杂而美妙的葡萄酒。

将 "阿根廷葡萄酒" 作为生活方式向海外推介

究竟是什么原因，使身处不同立场的两位女性，不约而同想要将阿根廷与日本连结在一起？

阿根廷共和国大使馆书记官 Cecilia Risolo 女士

出生、成长于阿根廷科尔多瓦。大学毕业后进入国家机构工作，负责阿根廷与亚洲各国的经济谈判。接受采访时任大使馆经济商务，致力于推广工作。

葡萄酒＆美食专家 Whelehan 麻央女士

曾前往纳帕谷学习葡萄酒知识，酿酒、市场营销相关技术。曾任职于葡萄酒外资企业，现作为一名葡萄酒与美食专家，活跃于海内外。

Cecilia： 其实呢，阿根廷葡萄酒拥有 500 多年历史，然而事实上国内酿造葡萄酒的目的一直都是供人休闲时享用，而没有向海外推销的意识。品种自不必说，栽培方法也是古来有之，当下业内热议的话题是有机栽培。

Whelehan： 这么美妙的阿根廷葡萄酒逐渐多起来了，现在在日本也能买到，真是件让人兴奋的事。而且价格也很划算，只需花 2000 日元，就能享受到超过欧洲同等价格的高品质葡萄酒。

Cecilia： 在阿根廷，对葡萄酒有兴趣的年轻人，热情是相当高的。商家也不会放过这么好的商机，连续发售酒体较轻的白葡萄酒、起泡葡萄酒，进一步拓宽了客户群体。

Whelehan： 阿根廷的赤霞珠、霞多丽正在逐渐俘获以日本为首的葡萄酒爱好者的心。用品尝过特浓情、马尔贝克的人的话说，这类葡萄酒不仅美味，还能从中感受到个性多样的阿根廷风情。敏感度高的人还特别偏爱阿根廷产的伯纳达、丹娜等酒款。

Cecilia： 好开心啊！葡萄酒是阿根廷人生活的一部分，而不是特别的存在。出现在与家人、朋友团聚的场合，是一件再平常不过的事，这就是葡萄酒。在推广阿根廷葡萄酒的同时，还能将阿根廷人的生活方式带到各位的面前，我感到非常高兴。

饮食手帐 ── 葡萄酒

是什么促使阿根廷葡萄酒
成为"下一波热潮"?

请各位通过本节的介绍，去一探阿根廷葡萄酒风行海外的秘密吧！

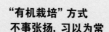

得益于深厚的历史底蕴

阿根廷葡萄酒拥有悠久的发展历史，这是无法用"新世界葡萄酒"这样的词汇简单归类的。从500多年前入侵的西班牙殖民者，到来自意大利的移民，都将欧洲古老的文化带进了阿根廷。

"有机栽培"方式
不事张扬，习以为常

有一种栽培方式，阿根廷人世代沿袭，对此习以为常，不事张扬。这种方式，实际上就是有机栽培。特别是种植在高地上的葡萄，无须担心虫害，基本不使用农药。想要在波尔多葡萄酒标上注明有机栽培，就必须经过认证，所以单凭许多阿根廷酒庄不事刻意宣传这一事实就会吸引很多人购买。

家族经营、品质稳定

阿根廷多以家族经营的方式酿造葡萄酒。葡萄园、设备、技术代代相传，因此葡萄酒的味道和品质都很稳定。能够挑战新的高峰，也是因为基础足够牢固。

休闲时享用是基本需求

除了部分高端品牌之外，阿根廷葡萄酒基本都是为亲友间日常享用而酿造，因此可以说是价格合理，且性价比高。轻松无虞地享受，这才是阿根廷式的生活方式。

饮食手帐 —— 葡萄酒

了解阿根廷葡萄酒杂学

世界最南端的葡萄园就在阿根廷

世界最南端的"施罗德酒庄"地处南纬42度，位于楚布特省的地带。曾在尚顿家族企业精研多年的酿酒师，与原作品一号的首席葡萄酒制造商联手，在"施罗德酒庄"打造出了获得世界性奖项的葡萄酒。"萨瑞丝马尔贝克干红葡萄酒"的标签取自用地内恐龙化石的图案。

严格的原产地名称保护制度

上文中提过，不应将阿根廷葡萄酒简单地归入新世界葡萄酒的范畴。但阿根廷葡萄酒也有D.O.C.（原产地名称保护）制度。享有这一荣誉的拉里奥哈特浓情是其中的顶级酒，来自拉里奥哈产区中心产地奇莱托山谷北部的法马蒂纳山脉。

拥有世界上海拔最高的葡萄园

萨尔塔省有着阿根廷国内海拔最高的葡萄园。其海拔在2,200～3,015米，当然也是世界上海拔最高的葡萄园。此地酿造的赤霞珠、马尔贝克、丹娜，有着独一无二的深层个性及很高的人气。

爱上阿根廷葡萄酒之旅

葡萄酒产地从南至南北散布于阿根廷各地，
让我们将其串联成一趟爱上阿根廷葡萄酒的旅程吧。

No.01 萨尔塔省 [北部]

此行从阿根廷葡萄酒的黎明阶段开始

当我们说起阿根廷葡萄酒时，耶稣会传教士是一个绕不过去的话题，因为是他们最早将葡萄带入了萨尔塔省。此地的特浓情品种非常受欢迎。

No.02 卡塔马卡省 [北部]

干燥地区才有的高级葡萄园聚集地

该地区气候干燥，酿酒葡萄、水果葡萄的产量都很大。主要品种包括赤霞珠、西拉、马尔贝克，酿出的葡萄酒口味厚重，果味浓郁。

No.03 拉里奥哈 [库约地区]

孕育出拉里奥哈特浓情的高山地区

虽然产地面积达到8,000公顷，然而其中40%是冠以地区名的拉里奥哈特浓情品种。其他葡萄品种包括亚历山大麝香、马尔贝克、西拉。

No.04 圣胡安 [库约地区]

从佐餐葡萄酒的故乡转型为高端葡萄酒产地

此地曾是著名的佐餐葡萄酒产地，近十年来一直致力于高级葡萄酒的生产，并得到了市场的认可。近年来，不少高级葡萄酒庄应运而生。同时，此地也是西拉的著名产地。

No.05 门多萨 [库约地区]

世界公认的阿根廷葡萄酒的明星产区

门多萨是阿根廷最著名的葡萄酒产区，也是"世界八大葡萄酒产地"。葡萄总种植面积约15万公顷，约有1,200处酒庄。参观酒庄的游客络绎不绝。

与他国不同，阿根廷葡萄酒产地不是集中在间隔数百米的范围，而是横跨南北数千公里分布许多葡萄园与产地。因此，气候及土壤的多样性才是阿根廷葡萄酒魅力与胸怀的代表。

No.06 科尔多瓦 [科尔多瓦地区]

不走寻常路，阿根廷葡萄酒中的异类

科尔多瓦出产的葡萄酒是阿根廷其他地区所没有的。其中著名的有科洛尼亚的亚历山大麝香、蓝布鲁斯科，无论质量还是酿造技术都堪称很优秀。

No.07 内乌肯 [巴塔哥尼亚产区]

出土恐龙化石，阿根廷葡萄酒最前沿

说起阿根廷的葡萄酒，绝不能错过耶稣会传教士的话题。传教士们首次将葡萄酒带进来的地方，正是此地——萨尔塔省。人们对这里出产的特浓情赞不绝口。

No.08 内格罗河 [巴塔哥尼亚产区]

巴塔哥尼亚的强者，从未间断的发展进程

此地的酒庄中，有半数以上创建于19世纪，每一个都历史悠久。近年来，酿酒设备迅速实现着现代化，黑皮诺、梅鹿辄、赛美蓉等品种广受好评。

"阿根廷葡萄酒"是家常菜的好搭档

不事张扬的阿根廷葡萄酒，最宜搭配不事张扬的家常菜。

本节就为您介绍其中几款搭配。

No. 01

培根 & 黑胡椒
×

妃丽娜系列赤霞珠2014年
干红葡萄酒

Felino Cabernet
Sauvignon Mendoza 2014

酒庄　科沃斯酒庄
产地　门多萨省路冉得库约及迈普
葡萄品种　赤霞珠
容量　750毫升
价格　2,754日元
进口商　Wine In Style
☎ 03-5212-2271

此款赤霞珠红葡萄酒物美价廉，出自著名的葡萄酒制造商保罗·霍布斯之手，最适合搭配撒上黑胡椒的培根。猪肉的油脂所特有的甘美，与葡萄酒的水果味在舌尖实现了完美的结合。搭配带有黑胡椒风味红葡萄酒的重点，是在料理中使用黑胡椒。

No. 02

烤五花肉
×

唐大卫系列丹娜2014年
珍藏红葡萄酒

Don David
Tannat Reeserve 2014

酒庄　艾斯德科酒庄
产地　萨尔塔省卡查基谷
葡萄品种　丹娜
容量　750毫升
价格　1,512日元
进口商　SMILE CORP.
☎ 03-6731-2400

此款酒酸味强烈，优质而扎实的单宁使之口味浓烈，呈现出异常新鲜的水果味。酒中似融入了葡萄园主及酿酒家的精心、用心，使品酩之人对之欲罢不能，性价比之高令人赞叹。建议搭配烤五花肉及帕尔马干酪。

No. 03

煎鱼
×

科洛梅酒庄2015年
特浓情白葡萄酒

Bodega Colomé Torrontés 2015

酒庄　科洛梅酒庄
产地　萨尔塔省卡查基谷
葡萄品种　赤霞珠
容量　750毫升
价格　1,998日元
进口商　Village Cellars
☎ 0766-72-8680

科洛梅酒庄是阿根廷现存最古老的酒庄。此款酒的原料葡萄，是种植在海拔1,700～3,111米的高地，树龄在30～60年的特浓情。味辣，水果味丰富，酸味独具魅力，后味微苦。是最适合点缀日本餐食的白葡萄酒，可搭配柑橘类，以及去除内脏后香煎的小鱼，凉拌豆腐等。

番茄酱意大利面

×

可罗娜拉斯利百波拿尔达
红葡萄酒

Colonia Las
Liebres Bonarda

酒庄　霍米伽酒庄
产地　门多萨省
葡萄品种　伯纳达
容量　750毫升
价格　1,512日元（零售价）
进口商　Mottox
☎ 0120-344101

此款酒出自由意大利酿酒专家安东尼尼、土壤专家帕拉等5名成员共同创建的酒庄。为了将此酒独特的酸味与西红柿的酸味相结合，推荐搭配番茄酱意大利面。葡萄酒的酸味也可以给萨拉米香肠中的脂肪解腻。

炸鱼排

×

维纳尔巴珍藏2014年
马尔贝克红葡萄酒

'14 Vinalba
Malbec Reserve

酒庄　维斯塔巴酒庄
产地　门多萨省
葡萄品种　马尔贝克
容量　750毫升
价格　2,030日元
进口商　Vinos Yamazaki Co., Ltd.
☎ 012-740-790

来自法国的酒庄主人购买了许多阿根廷最古老的马尔贝克葡萄园，并第一个创造出单一品种的葡萄酒。将1大勺炸猪排酱、1小勺伍斯达酱浇在炸鱼排上，搭配此酒享用，简直完美。与腌制的黑橄榄一起也很美味。

炒牛蒡丝

×

托索马格达莱纳2013年
混酿干红葡萄酒

Magdalena
Toso 2013

酒庄　帕斯库阿尔·托索酒庄
产地　门多萨省迈普
葡萄品种　马尔贝克、赤霞珠
容量　750毫升
价格　13,473日元
进口商　Pieroth
http://www. Pieroth.jp

酒庄由19世纪80年代移民来此的帕斯库阿尔·托索创建。此酒酸味强烈，顺滑、柔和的单宁及余韵中残留着水果味，搭配烤小羊肉享用，回味无穷。而与"麻布花林糖"出品的炒牛蒡丝搭配出的效果简直令人惊艳。

推荐官
桐生英明

意大利葡萄酒专家，曾是位于神泉站前的商店街，名为"La Podili Zona v.m.20"的一家意大利葡萄酒专卖店（2016年秋休业）的店主。善于向大众推荐亲民、休闲饮用型意大利葡萄酒。

巴罗洛村遍布葡萄种植园。当地人坚守着葡萄酒之王的历史与传统

重新认识意大利葡萄酒

法国葡萄酒、意大利葡萄酒
合称葡萄酒业界双璧

然而，相较于法国葡萄酒铺天盖地的信息量，
意大利葡萄酒显得过于默默无闻。
若要全面了解葡萄酒，不妨深挖意大利葡萄酒领域，
相信会有令人惊叹的收获。

图片来源：Getty Images

首先从意大利葡萄酒的代表酒款入手了解

意大利葡萄酒中，巴罗洛葡萄酒是广为人知的一种。无论是在日本，还是从世界范围来看，巴罗洛葡萄酒都是意大利葡萄酒的代表。

巴罗洛原是位于皮埃蒙特大区丘陵地带的一个村庄的名字，这里则指巴罗洛村及周边若干个村庄出产的葡萄酒，人称"葡萄酒之王"。意大利葡萄酒可分DOCG、DOC、IGT、VdT四个等级，其中巴罗洛葡萄酒被列为规定最严格、规格最高的DOCG。人们冠之以"王"，赋予其意大利代表葡萄酒的尊贵地位。所用的葡萄品种仅限于内比奥罗。要求熟成时间在38个月及以上，酒精含量超过13%，如未达此标准，按照规定不得视为巴罗洛葡萄酒。当然对产地也有明确的规定，现

在允许挂牌的仅限包括巴罗洛在内的11个村庄。说起巴罗洛葡萄酒的特点，根据土壤的特性大体上可将其分为两类。一类是在土壤中铁含量高的东南地区酿造，口味厚重的晚熟葡萄酒；另一类是在富含石灰质的西北地区传承而来，口感柔滑的芳香型葡萄酒。如果再往下深究的话，从这两类中还能细分出若干种类型，简单的语言怕是难以尽述其魅力。其中特别著名的有卡斯提里奥内·法列多、塞拉伦加阿尔巴、蒙福特达尔巴、洛曼拉及巴罗洛。这5个村庄都是巴罗洛葡萄酒的产地，具有各自鲜明的特性，产量占据巴罗洛葡萄酒总产量的85%。

巴罗洛葡萄酒全部采用内比奥罗葡萄为原料，口味变化多样，是意大利人为之感到骄傲的"葡萄酒之王"。不了解巴罗洛葡萄酒，就无法了解意大利葡萄酒。

对巴罗洛葡萄酒容易产生的误解

巴罗洛葡萄酒在意大利葡萄酒中享有很高的知名度，
但在人们对它的了解中存在着一些误解。
让我们消除误解，认识真正的巴罗洛葡萄酒吧。

误解

1

✗ 巴罗洛是品牌名称。

○ 是村名。

巴罗洛葡萄酒的名称，来自其产地的名称。位于意大利国土最西北，皮埃蒙特大区库内奥市的巴罗洛村，是一个人口仅700人的小村庄。四周环绕着葡萄园，环境恬静、惬意。

✗ 在意大利任何地方都能生产。

○ 产地受到严格限定。

误解

2

巴罗洛葡萄酒在意大利国内葡萄酒等级中属于最高级别DOCG。该词是"Denominazione di Origine Controllata e Garantita"的缩写，意为"优质法定产区级葡萄酒"。顾名思义，该制度对葡萄酒的原产地有极其严格的管制，稍有偏离则不得擅自冠名巴罗洛。包括巴罗洛村在内，共有11个村庄具有该资格。

✕ 巴罗洛是一个葡萄品种。

〇 巴罗洛葡萄酒来自内比奥罗葡萄。

误解 —— 3

　　DOCG 对葡萄的品种也有限定。巴罗洛葡萄酒的原材料只能使用内比奥罗葡萄，从其诞生直至今天从未改变。内比奥罗是皮埃蒙特本地种植的黑葡萄，之外不得使用任何品种的葡萄。

＼ 三款精品巴罗洛葡萄酒 ／

曼卓酒庄卡莫莱尔巴罗洛红葡萄酒

GIOVANNI
MANZONE
BAROLO
GRAMOLERE

酒庄　曼卓酒庄
产地　皮埃蒙特
葡萄品种　内比奥罗
酿造年份　2007年
价格　8,856日元

此酒醇厚而细腻，口味达到绝妙的平衡。新鲜感保留在酒中，芳香馥郁，石榴色酒液则标志着恰到好处的熟成工艺。

圣塔玛利亚巴罗洛卡帕洛干红葡萄酒

SANTAMARIA
BAROLO
CAPALOT

酒庄　圣塔玛利亚酒庄
产地　皮埃蒙特
葡萄品种　内比奥罗
酿造年份　2008年
价格　6,156日元

这是一款古典巴罗洛葡萄酒，历经24个月的木桶熟成，以及12个月的不锈钢桶熟成。酒体厚重，单宁圆润，口感柔和。

皮欧巴罗洛红葡萄酒

PIO
CESARE
BAROLO

酒庄　皮欧酒庄
产地　阿尔巴/巴罗洛
葡萄品种　内比奥罗
酿造年份　2011年
价格　9,720日元

此款酒出自皮埃蒙特大区最古老的名酒中，酒体厚重，单宁感强。在巴罗洛葡萄酒中，也属于最传统的类型。

了解越多，内涵越深的意大利葡萄酒

对于普通人，与意大利葡萄酒相关的准确信息总是难以获取。
我们特地走访了意大利葡萄酒行家桐生先生，请他来答疑解惑。

从国际名酒到本地产酒
都被意大利葡萄酒包揽其中

在涩谷区圆山町，我们带着对意大利葡萄酒现状的好奇，走访了因经营意大利葡萄酒专卖店而远近闻名的桐生先生。"意大利的国土南北狭长，全境共分20个大区。令人惊奇的是，所有的葡萄酒都在本地酿造。从经营方式来讲，法国与意大利不同。前者以几个有限的大酒庄经营为主，后者以世代家族经营为主，无数小酒庄散布在全国各个地区。这种状况始于公元前，并且是意大利特有的状况。当然，北部皮埃蒙特与南部西西里岛相比，气候、风土都大有不同。既有沿海市镇，又有山间聚落，气候、土壤多样，酿造者的手艺也各有差异，因此虽同为意大利葡萄酒，可细分的种类也足以令人眼花缭乱。从这一点上说，它既是一个难点，也是意大利葡萄酒中特别有意思的部分。葡萄酒必然要跟随当地的乡土料理而进化。换句话说，在意大利葡萄酒中，有各种各样的酒款可供根据食材和调味料加以选择。在享受美酒之外，选择的多样性是另一大优势。"

意大利全国各地都在酿造葡萄酒，各地的意大利人也都爱着本地出产的葡萄酒。在日常生活中，还是以休闲享用为主。

"据说，意大利国内约有超过2000种葡萄。而且，人们还会根据当地食材的特点来酿造葡萄酒，因而有着数量惊人的所谓'本地葡萄酒'。在享用意大利葡萄酒的过程中，切不可错过这些本地品牌。话虽如此，要想寻到这些品牌酒，光看酿造者或土地是很难做到的。首先应该注意葡萄品种，从中寻找自己喜好的口味，我认为这才是更好地享受意大利葡萄酒的方式。"

从基础入手，开始重新认识意大利葡萄酒

在意大利南北狭长的国土上，葡萄酒品牌不计其数。

在此，我们精选了其中享有盛名的5款。

认识意大利葡萄酒，不妨从此开始！

茉柯酒庄拉巴佳巴巴莱斯科红葡萄酒 GIUSEPPE CORTESE BARBARESCO RABAJA	皮耶里酒庄布鲁奈罗红葡萄酒 AGOSTINA PIERI BRUNELLO DI MONTALCINO	尼奥亚诺高帝马基亚干红葡萄酒 ANTONIO CAGGIANO TAURASI MACCHIA DEI GOTI	梦露酒庄瓦坡里切拉里帕索干红葡萄酒 MONTE DALL'ORA VALPOLICELLA CLASSICO SUPERIORE RIPASSO SAUSTO	莫尔甘特酒庄唐·安东尼干红葡萄酒 MORGANTE DON ANTONIO
产地	西西里大区南部阿格里真托 这是来自南部离岛的一款酒。酒中散发葡萄、可可、香草等柔和的香味。100%使用黑珍珠葡萄。	威内托大区瓦坡里切拉地区卡斯特尔罗托 科维纳50%、科维诺尼20%、罗蒂内拉20%、科罗帝纳5%。当地品种的互相造就，形成了完美的水果味。	卡帕尼亚大区 是意大利众多葡萄酒产地中的名产地，卡帕尼亚大区图拉斯产区出品。既有强劲力道，又富有柔和的平衡感，骨架坚实。	托斯卡纳大区蒙塔奇诺产区 100%使用名贵品种大桑娇维塞。口味高雅，带有令人心旷神怡的酸味及水果味。	皮埃蒙特大区拉巴佳葡萄园 使用该大区代表性的内比奥罗葡萄酿制。使用内比奥罗葡萄的巴罗洛葡萄酒齐平，被称为"葡萄酒女王"。适合长年熟成。
等级	IGT 地区餐酒级别认证。按照规定，必须85%使用该地区的当地葡萄品种酿酒，且可以标识产地和品种。	DOC 高级认证，从种植至出货，全程接受审查。与最高级别DOCG一样，必须接受商会的各项科学、物理检查。	DOCG 在意大利葡萄酒等级中，属于品质最高的一级。不仅要对整个生产过程中执行严格的品控，还要接受农林部、商会的各项科学、物理检查。在一切透明化的前提下，每一个酒瓶都会被贴上政府授予的认证标志。		

饮食手帐 — 葡萄酒

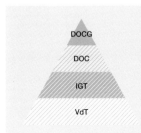

等级

意大利葡萄酒法规定，将葡萄酒划分为四个等级

1963年，根据意大利葡萄酒法的规定，葡萄酒被分为四个等级。这是效仿法国AOC而制定的，对于意大利而言，这套法规对于维护各个地区葡萄酒的权威性是不可或缺的。

产地

同一国家不同地区的本地品种，必须标注产地以示区别

既有以托斯卡纳、皮埃蒙特等大区为单位标注产地，也有以巴罗洛、图拉斯等村庄为单位标注产地，更有以朗格等产区为单位区分产地的情况。这也正是意大利葡萄酒的复杂所在。

挖掘散布在意大利全境的当地葡萄酒

意大利葡萄酒的奥妙隐藏在当地葡萄酒之中。

让我们试着动用自己的嗅觉和味觉, 去寻找那些不为人知的沧海遗珠吧。

地区 **01**

达米扬·波维什克酒庄丽波拉白葡萄酒

DAMIJAN PODVERSIC
RIBOLLA GIALLA

酒庄　达米扬·波维什克酒庄
产地　弗留利 - 威尼斯 - 朱里亚大区戈里齐亚
葡萄品种　玛尔维萨
容量　750毫升

此款葡萄酒散发强烈的矿物感, 以及成熟而丰富的水果味。不仅芳香馥郁、美味充盈, 还具有区别于任何一种葡萄酒的鲜明个性。

地区 **02**

迪泰萨酒庄卡斯蒂里维蒂奇诺干红葡萄酒经典产区特级

LA DISTESA VERDICCHIO
DEI CASTELLI
DI LESI CLASSICO SUPERIOE
TERRE SILVATE

酒庄　迪泰萨酒庄
产地　马尔凯大区库普拉蒙塔纳
葡萄品种　维蒂奇诺90%、特雷比奥罗 & 玛尔维萨10%
酿造年份　2012年

此款白葡萄酒来自马尔凯大区库普拉蒙塔纳, 著名的特雷比奥罗的产地。辣味中夹带着柑橘的香气, 以及苹果的酸味。

地区 **03**

玛氏蒙特布查诺红葡萄酒

MASCIARELLI
MONTEPULCIANO

酒庄　玛氏酒庄
产地　阿布鲁佐大区
葡萄品种　蒙特布查诺
酿造年份　2010年

黑莓的芳香中, 明显带着香草特有的香味, 并有着香子兰、纯巧克力的辛辣质感。

地区 **04**

鲍里尼酒庄古尔戈格里洛葡萄酒

CANTINE PAOLINI
GURGO GRILLO

酒庄　鲍里尼酒庄
产地　西西里大区玛莎拉
葡萄品种　格里洛
酿造年份　2013年

酒中水果、花草的馥郁芬芳带出异国风韵, 充盈着新鲜而浓郁的水果味及矿物感。

地区 **05**

泽纳多·卢戛纳白葡萄酒

ZENATO LUGANA
VIGNETO MASSONI

酒庄　泽纳多酒庄
产地　威内托大区
葡萄品种　卢戛纳特雷比奥罗
酿造年份　2014年

此款散发新鲜而浓郁的果香, 以及充盈的果味, 酸味与水果味的融合妙不可言。也适合接触葡萄酒时日尚浅的人士品尝。

地区 **06**

华莱士酒庄奥瓦达多姿桃葡萄酒奥瓦达特级

CASA WALLACE
OVADA DOLCETTO
DI OVADA SUPERIORE

酒庄　华莱士酒庄
产地　皮埃蒙特大区克雷莫利诺
葡萄品种　多姿桃
酿造年份　2011年

成熟水果及杏仁的香味, 与浓郁的水果味交融, 是一款入喉之后回味无穷的红葡萄酒。

地区 **08**

法内蒂酒庄贵族葡萄酒蒙特布查诺珍藏酒

FANETTI VINO NOBILE
DI MONTEPULCIANO RISERVA

酒庄　法内蒂酒庄
产地　托斯卡纳大区蒙特布查诺
葡萄品种　普鲁诺阳提、卡内奥罗、
玛墨兰
酿造年份　2009年

此酒散发紫罗兰、梅子、樱桃、香蕉、甘草及红色水果的芳香。柔和、圆润的酸味与单宁味交织在一起，是一款配合度极佳的红葡萄酒。

地区 **09**

卡洛·坦加内利酒庄白葡萄酒白阿纳塔拉斯

CARLO TANGANELLI
BIANCO ANATRASO

酒庄　卡洛·坦加内利酒庄
产地　托斯卡纳大区佛罗伦萨城堡
葡萄品种　特雷比奥罗80%、玛尔维萨20%
酿造年份　2009年

在此款酒中可以感知到酒精的厚重，以及单宁的纤细，口感干且凛冽。其主要特点是香味浓郁。

地区 **07**

马卡里奥·德林根贝格萝瑟丝葡萄酒多尔切阿夸

MACCARIO
DRINGENBERG ROSSESE
DI DOLCEACQUA

酒庄　马卡里奥·德林根贝格酒庄
产地　利古里亚大区圣比亚焦德拉奇马
葡萄品种　萝瑟丝
酿造年份　2014年

此酒是马卡里奥家族的传统杰作，传承自1860年。散发蔷薇花、紫罗兰花般华丽的芬芳，且略带辣味。可以从中明显感受到单宁的味道。

地区 **10**

古波德里哲祖酒庄乔斯托·米廖尔·坎诺撒丁岛珍藏红葡萄酒

ANTICHI PODERI JERZU
JOSTO MIGLIOR CANNONAU
DI SARDEGNA RESERVE

酒庄　古波德里哲祖酒庄
产地　撒丁岛奥里斯塔
葡萄品种　卡诺娜
酿造年份　2009年

此款红葡萄酒带有强烈而辛辣的花香，香草与肉桂的韵味，柔和而纤细的单宁味，同时兼有优雅的酸味。

饮食手帐　——　葡萄酒

为什么意大利本地品种多？

对于意大利人而言，葡萄酒酿造是沿自古罗马时代的风俗习惯。同时也因气候、风土多样，这一传统便扎根在每一片土地之上。

奥莱拉雅

Orenellaia

酒庄　奥莱拉雅
产地　托斯卡纳大区保格利
葡萄品种　赤霞珠、梅鹿辄、品丽珠、小维多
容量　750毫升

本地葡萄酒的逆行者超级托斯卡纳

所谓超级托斯卡纳，是与完全使用本地葡萄相反，引进外来品种的葡萄，利用意大利酒庄的酿造技术制造出来的混合型葡萄酒。

餐桌上的主角、料理的助推手

强化酒魅力大起底

切不可认为高酒精度就是强化酒唯一的特点，
强化酒中的魅力难以用简单的语言概括。

图片来源：铃木规二

**甜味、辣味都有
料理的万能助推手**

　　强化酒又名"Fortified Wine"。从字面上理解，便是强化（fortified）了酒精成分的葡萄酒的统称。普通的葡萄酒，当酒精度达到14%时，酵母数量渐少，停止发酵。因此普通葡萄酒的酒精度数一般不会超过此界。强化葡萄酒的平均酒精度则在18%左右，有些甚至超过22%。原因很简单，那就是强化酒

在酿造过程中，被添加了度数更高的酒精。酵母分解糖分的进程被终止，因而比普通葡萄酒保留了更多的糖分，口感也更甜。当然，这种甜度是可以通过在发酵的任意阶段添加酒精加以控制的。因此强化酒的味道丰富多变，从特甜到超辣，各种口味的葡萄酒都可以酿造。

　　无论怎么说，强化酒的魅力都在于上文中所说的丰富多变的味道。这在普通的葡萄酒身上是无法实现的，原因是它拥有从甜味至辣味的跨度，又能够

推荐官
Ardoak
店主兼主厨
酒井凉

从代代木八幡站步行3分钟可至店内。酒井凉是这家人气西班牙料理店的店主兼主厨。他的职业生涯全都奉献给了西班牙料理,对西班牙葡萄酒也有很深的造诣。

档案
Ardoak
地址/东京都涩谷区上原
1-1-20 JP大厦2层
☎ 03-3465-1620
营业时间/18:00—21:30
(最后点餐时间)
休息日/周三

饮食手帐 — 葡萄酒

确保足量的酒精成分。而且因另外添加酒精而产生的愈加复杂的味道,也被认为是强化酒的优势。开设在代代木八幡的西班牙料理店"Ardoak"的酒井主厨说:"单纯饮用强化酒是不必说的,但我认为将强化酒当作烹调料酒使用,这也是其特点之一。法国料理中的马德拉酱汁或波特酒酱汁就很好地印证了这一点。强化酒特有的多重口味,是为料理制造层次感的功臣。我们餐厅还是经常使用西班牙特色的雪莉酒。

有些品牌的雪莉酒是辣的,因此即便不添加香草,也可以使料理味道变得非常美妙。烹调越简单,这种效果越立竿见影。而且,强化酒很容易保存,只要不是盛夏,开瓶后在室温下保存1个月左右也没问题。家中厨房里常备一瓶强化酒,绝对是非常明智的选择。"

强化酒对料理的点睛作用,连人气西班牙料理店的主厨都对此赞不绝口,这"葡萄酒界全能王"的美名当之无愧。

饮之乐之，食之悦之！
精选强化葡萄酒4款

强化葡萄酒与普通葡萄酒之间泾渭分明。
您可曾见识过它在美食烹调中如何施展身手？

葡萄牙

芳塞卡宝石波特酒

FONSECA
RUBY PORT

西班牙

拉艾娜淡色雪莉酒

La Ina

波特酒
Port Wine

甜味葡萄酒中的翘楚
餐后甜点的绝配

杜罗葡萄酒原产地，是从葡萄牙北部杜罗河的上游，至其支流流经的西班牙国境之间的地区。18世纪，产于该地区的葡萄酒从波特港出发被运往英国，故而得名波特葡萄酒。名声在外的，是其作为甜味葡萄酒代名词的身份。其中宝石波特酒也被誉为"葡萄牙宝石"，是一种红宝石色的红葡萄酒。而芳塞卡宝石波特酒又是其中的代表性品牌。葡萄本身的甘甜在酒液中显得更加芬芳。

雪莉酒
Shelly

诞生于西班牙赫雷斯
是强化葡萄酒中的代表

对雪莉一词耳熟能详的人相信不在少数，然而知道这其实是一种强化酒的人恐怕不多。人们对餐前饮用雪莉酒的印象较为深刻，不过也不乏口味极甜，适合作为甜品葡萄酒享用的酒款。雪莉酒（Shelly Wine）得名于其原产地Jerez（赫雷斯）的英语译音Shelly。它通过出口英国而确立了国际地位，此名便从18世纪一直沿用至今。这里介绍的拉艾娜淡色雪莉酒，是最常见的淡色干雪莉酒中的杰作。酒体轻，味辣，是广受欢迎的餐前酒。

葡萄牙

巴贝托酒庄马德拉
半干葡萄酒

VINHOS
BARBEITO MADEIRA
MIDIUM DRY

意大利

福罗里欧酒庄马尔萨拉
加强半甜型葡萄酒

FLORIO MARSALA
SUPERIORE SECCO

马德拉酒
Madeira Wine

酿成琥珀色的马德拉白葡萄酒
饮用、烹调皆可胜任

酿造于伊比利亚半岛西南部，葡萄牙属马德拉群岛的马德拉，其爽快的酸味与微甘的甜味并存，口味具有独特的魅力。在大航海时代，此地是欧洲通往其他地区的中转站，马德拉酒作为繁荣的马德拉群岛的重要"财产"，在全世界都享有很高的人气。此酒使用白葡萄为基本原料，然而酒液所呈现的美丽琥珀色，则是拜热处理和氧化熟成所赐。作为一款半干型葡萄酒，其酸味与甜味达到了绝妙的平衡。餐前、餐中、餐后都适合饮用，还是出色的烹调料酒。

马尔萨拉酒
Marsala Wine

来自意大利的强化酒
跻身全球三大强化酒之列

马尔萨拉酒是仅在西班牙、葡萄牙两国受到追捧的强化葡萄酒，然而其国际标准却落在意大利。马尔萨拉酒原产于西西里大区马尔萨拉，其历史之久远不逊于西班牙、葡萄牙。传说是18世纪时来到西西里岛的英国人亲手酿造了这种酒。这里介绍的酒款具有鲜明的特点，高雅的甘甜与微苦味道并存，酒液呈现美丽的琥珀色，是典型的甜味酒，它来自1833年创立的福罗里欧酒庄。

有了强化酒的加持，料理变得更加美味！

对添加葡萄酒的料理施以酒精强化，会收获什么样的效果呢？
答案是"变得更加美味"。我们从酒井主厨口中证实了这一点。

不加调味料，
美味却来得如此突然！

雪莉酒蒸蛤仔

材料（2人份）

雪莉酒……20毫升
蛤仔……10个
洋葱……30克
大蒜……½片
特级初榨橄榄油……3大勺
西芹……少许

做法

❶ 将洋葱末与大蒜片一起倒入锅中，用橄榄油翻炒。

❷ 待炒出香味后，倒入事先吐净沙子的蛤仔，改小火。

❸ 倒入雪莉酒，改大火，盖上锅盖。

❹ 待锅中汤汁沸腾即改小火。打开锅盖，待蛤仔壳全部打开即可关火。

这是一道简单的料理，但海产品蛤蜊自带的盐分与雪莉酒的辣味碰撞出的美味火花，却足以让人为之惊叹。

雪莉酒

其他搭配

**雪莉酒还可搭配
其他食材**

雪莉酒最适合搭配墨鱼、香菇、鸡肉等，味道较淡的食材。甜味的雪莉酒，还可以配甜品。

使用鹿肉制作法国料理的
经典酱汁

烤鹿肉波特酒酱汁

材料（1人份）

波特酒……100毫升
黄油……20克
高汤……20克
鹿肉……100克
盐……少许
胡椒……少许
白萝卜……切成直径5厘米的萝卜片
迷你土豆……1个

做法

① 用大火将波特酒煮至原来的⅓的量。
② 改小火，放入黄油及高汤。
③ 混合、搅拌。
④ 将酱汁浇在烤鹿肉上，将盐、胡椒撒在盘子中，最后放上烤过的白萝卜和土豆。

其他搭配

|

**波特酒还可搭配
其他食材**

很多波特酒非常甜，建议熬过再使用。如果用于炖煮料理，可能会太甜。

波特酒那特有的甘甜与韵味，最适合搭配鹿肉。酱汁本身盐分较少，因此可以根据自己的口味添加一些盐和胡椒。酒并主厨实际上使用的是鹿肉高汤。

波特酒

酸味与甜味的绝妙平衡
使猪肉美味升级

马德拉酒炖猪肉

材料（2人份）

洋葱……20克
胡萝卜……10克
大蒜……½片
特级初榨橄榄油……3大勺
培根……20克
猪肉……150克
卷心菜……⅛棵
马尔萨拉酒……200毫升
水……200毫升

做法

❶ 锅中倒入橄榄油，放入洋葱、胡萝
卜、大蒜翻炒后，放入培根。

❷ 待食材炒上色后，放入煎出浅棕色
的猪肉和卷心菜。

❸ 倒入马尔萨拉酒，开大火加热，使
酒精挥发。再倒入等量的水。

❹ 放入预热180℃的烤箱，加热一个
半小时。

其他搭配

|

马尔萨拉酒还可搭配
其他食材

酒井主厨建议用马尔萨拉酒
搭配白肉。在意大利，马尔
萨拉酒也用来煮牛舌。

酒液的微甜与酸味，
能够极好地分解猪
肉的肥腻。那柔和的
口味，令人感到土豆
烧肉般的熟悉，同时
也给人以芳醇、高雅
的风味。微甜的卷心
菜也是不容忽视的
配菜，烹调时保留菜
心，可避免被煮烂。

马尔萨拉酒

成熟味道的精品甜点

马德拉烤苹果

材料（2人份）

马德拉酒……500毫升
苹果……1个
黄油……20克
白砂糖……40克
香草冰激凌……视喜好而定

做法

❶ 用刀在苹果上凿出小孔，以免在烤制过程中裂开。

❷ 在抽去苹果芯后留下的孔洞中填入黄油，再从上方撒上白砂糖。

❸ 将马德拉酒从上往下浇，将苹果浇透。

❹ 放入预热150℃的烤箱中烤制1个小时。每10分钟取出一次，舀出烤盘中的酱汁，从上浇下。

其他搭配

|

马德拉酒还可搭配其他食材

在法国料理界，马德拉酒与波特酒一样常被用于各种料理，特别适合烹调红肉。

只要肯花时间，就能简单轻松地完成一道烤苹果。马德拉酒最适合用来凸显那种又酸又甜的味道。适合做这道料理的，是略酸的红玉苹果。这一道甜品甘甜适度，散发着马德拉酒芳醇且有层次的香味。

马德拉酒

为日本代言

当代日本葡萄酒界2名杰出的
女性酿酒专家

　　葡萄酒酿造业一直以来都被认作是男性驰骋的天地。然而近年来，有女性酿造者加盟的酒庄却日趋增加。接下来让我们为各位讲述备受世界瞩目的酿酒专家的故事。

图片来源：加藤史人　久保田敦

7

第7款
品牌
新知识
／8

档案
中央葡萄酒株式会社
胜沼 格雷斯酒庄
山梨县甲州市胜沼町等等力173
☎ 0553-44-1230
营业时间/9:00—16:30
休息日/无（仅限年末年初）

三泽农场 三泽酒庄
山梨县北杜市明野町上手11984-1
☎ 0551-25-4485
营业时间/9:00—16:30
休息日/无（仅限年末年初）
http://www.grace-wine.com/
参观酒庄可预约

「甲州葡萄酒口味纤细而高雅，我的工作就是让更多人领略到这种魅力」

三泽彩奈

Misawa
Winery

三泽酒庄酿酒专家

Ayana Misawa

中央葡萄酒格雷斯酒庄第四代主人三泽茂计的长女，从波尔多大学酿造专业毕业之后，在法国获得了葡萄栽培、葡萄酒酿造高级技师资格。后辗转于世界各国的酒庄，潜心积累酿造经验。现任中央葡萄酒庄董事，栽培酿酒部部长。

档案
吻酒庄
地址/山梨县甲州市盐山千野474
☎0553-32-0005
营业时间/9:00—17:00
(需提前预约)
休息日/不固定

高品质的葡萄酒
来自高品质的葡萄。
从栽培到酿造都应兢兢业业、
勤勤恳恳

斋藤真佑

Kisvin Winery

吻酒庄酿酒负责人

Mayu Saito

1980年生。曾就读于早稻田大学时，因对葡萄酒酿造产生
兴趣而中途退学，进入加州州立大学学习葡萄酒酿造。此
后通过担任该大学的酿酒助手，以及前往法国勃艮第实习
而积累了大量经验，现服务于吻酒庄。

三泽酒庄　酿酒专家
三泽彩奈

甲州葡萄使其心动
海外留学赋予其动力

三泽彩奈出生在日本葡萄酒的发源地山梨,
其父是老字号酒庄的第四代主人。
她对葡萄酒有着什么样的看法,
作为一名女性酿酒专家,她的目标又是什么呢?

甲州葡萄使其心动
海外留学赋予其动力

　　山梨县是日本葡萄酒的发祥地,是当代日本最大的葡萄酒产地。这里既有大规模的酿酒厂,也有家族经营的小型酒庄,各种酒庄多达70多家。

　　三泽彩奈便出生在这里,她的父亲是老字号酒庄"中央葡萄酒格雷斯葡萄酒"第四代主人,该酒庄创业于1923年。

　　"我从小就在酒庄里帮忙,采摘、踩皮、灌装都做过,所以对葡萄酒非常熟悉。"

　　她在青春期时曾认为"酿酒是男性专属的职业"。而开始对葡萄酒酿造

酿酒专家斋藤真佑的年历

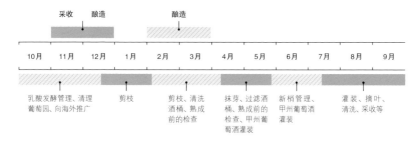

		采收	酿造		酿造						
10月	11月	12月	1月	2月	3月	4月	5月	6月	7月	8月	9月

乳酸发酵管理、清理葡萄园、向海外推广	剪枝	剪枝、清洗酒桶、熟成前的检查	抹芽、过滤酒桶、熟成前的检查、甲州葡萄酒灌装	新梢管理、甲州葡萄酒灌装	灌装、摘叶、清洗、采收等

（1）三泽农场占地12公顷，位于北面八岳山麓，南临富士山的明野町。其中的4公顷种植着甲州葡萄。
（2）格雷斯酒庄现有20名员工。
（3）进入9月份，便开始采收霞多丽、梅鹿辄，直到1月约初结束。

产生向往，并萌生从事葡萄酒相关工作的想法，则是她升入大三之后。

"我曾跟随父亲，到马来西亚参加葡萄酒推广活动。在酒店的日料餐厅遇到一对外国人夫妇，他们每天要开一瓶我们酒庄生产的'格雷斯甲州葡萄酒'。'代表日本'这句话让我深受感动，我当时就强烈希望能使用甲州品种葡萄来酿酒。"

此后，她在波尔多大学酿造专业及勃艮第专科学校留学3年，学习葡萄栽培与葡萄酒酿造。正常需要2年才能获得的法国栽培酿酒高级技师资格，她只用了1年。"在法国留学时震撼到我的，是法国与日本的差异。在日本，我们会更拘泥于酿造的技术，以及酵母的种类等问题。但在法国，酿造葡萄酒与种植葡萄之间是可以画上等号的。我会通过食用葡萄来判断其成熟状态，以及从采收到采购整个流程的速度，了解到酿造者亲身参与葡萄种植的重要性。"

三彩在法国求学的过程中，还受到当地那些充满魅力的生产者巨大的影响。

"比如摩泽尔的贵腐葡萄酒酿酒名家伊贡·慕勒，他是一个克己的，意志坚强、不屈服于外力的人。阿尔萨斯的酿酒家杰拉德·舒勒年事已高，但只要不下雪，他每天都会亲自去葡萄园劳作。他的葡萄园是有灵气的。在我留学的过程中，我像一块海绵，吸收着从实践性的技术到文化、历史等方方面面的养分。"

三彩回国之后，又进入葡萄栽培学科发达的斯坦陵布什大学研究社院，学习科学的流程。

2005年，三彩尚在法国，但她已经这些经验中获得力量，决心尝试对甲州葡萄实施藤架式栽培。

"1992年，我开始实验性地尝试对甲州葡萄实施藤架式栽培，但我失败了。尽管如此，我还是决定从海外积累的经验出发，重新发起挑战，去挖掘甲州葡萄的潜力。"

精致而出众的甲州品种
糖度止于20度

甲州葡萄是日本唯一的传统品种，拥有千年的栽培历史。现在，国际葡萄葡萄酒机构在欧洲认证其为日本的葡萄品种，甲州葡萄才得以驰名世界。然而在她的祖父一雄和父亲茂计为之倾注心血的年代，甲州葡萄作为酿酒葡萄品种的潜力却被忽视了。

"我在世界各国转了一圈，发现甲州葡萄那般精致的魅力，在其他品种中是绝对找不到的。因此，我下定决心要酿造出不依赖技术的，凝练而成的葡萄酒。"

在"胜沼格雷斯酒庄"的沙龙中，可以购买葡萄酒。也欢迎试饮。

最近在明野町开辟的12公顷"三泽农场"海拔700米，昼夜温差大，西向的斜坡坡度缓，十分利于排水。加之此地是日本日照时间最长的地区，因此葡萄成熟度更高，是一块适合种植酿酒葡萄的宝地。虽然采收量显著降低，但因采用的是海外国家流行的藤架式栽培，叶与叶之间不容易重叠，光合速率得以提高。看来各方面条件都已经具备了。

然而这时却碰到了一个拦路虎，那就是"糖度20度"。当时，三泽每年9—11月在自家酒庄采收葡萄、酿造葡萄酒。每年春季的3—5月则在新西兰、智利、澳大利亚、阿根廷、南非等南半球国家的葡萄酒庄工作。尽管从中汲取了新的栽培和酿酒方法，但在日本试行之后，仍然无法改变甲州葡萄的糖度无法超越20度的现状。作为酿酒负责人，三泽对此感到身心俱疲。这时，父亲的一段话将她从低落的状态中拯救了出来。"我父亲是一个对自己非常严苛的人，有一年采收的梅鹿辄品质不好，他只留了一桶，其余的全部废弃。当我对他抱怨说'要不要放弃（甲州葡萄藤架式栽培）呢'时，他说'你随时可以放弃，就算对现状不做改变，而保持精致又没有不良味道的口感，这不是很好吗'。为甲州葡萄奉献了一生的父亲上，以他豁达的诠释为我驱散了心头的迷雾。"

巨变发生在2012年。在采用排水率更高的高垄栽培的葡萄园中，产出了糖度超过20度的葡萄。而2013年采收的葡萄中，竟有些糖度超过了22度。

那力道强劲，口味鲜嫩而浓厚饱满的"2013年三泽特酿明野甲州白葡萄

（右）在发酵阶段，每周要对熟成中的葡萄酒进行一次严格的检查。2015年采收的赤霞珠，曾经达到的最高糖度为26度。

（左）酒庄中有一棵榉树，自酒庄第一代主人三泽长太郎创业以来，它便作为酒庄的象征立于此地。

酒"虽也产于甲州，但与此前的甲州葡萄酒有着云泥之别，且蕴藏着更多惊喜。

由风行全球90多个国家的葡萄酒专业杂志《Decanter》主办的全球最大葡萄酒大赛（DWWA）2014年的赛事中，此款酒代表日本葡萄酒参赛并获得金奖。

"因为在糖度20度这一点上碰壁太多，所以得知获奖的时候，我内心反而没有多少起伏。"

"站上新的起点"
挑战更高目标

获奖之后，前来采访的媒体急剧增加，甲州葡萄也随之受到了全世界的瞩目。

"从前就算是对外做了宣推，还是会有人发出'日本也酿造葡萄酒吗？''是米酒吗？'这样的质疑。在那之后我们的交易量迅速攀升，现在已经出口到20个国家了。虽然在日本的知名度还未达到人尽皆知的程度，但呈现在海外已是一种低酒精、健康型葡萄酒的形象，适合搭配口味辣、口感既纯又细腻的料理。"

虽然被获奖的光环笼罩，但因有着品质至上的要求，既没有大批量生产，又没有大肆铺张的做法。多的只是"要生产出去年更好的葡萄酒"的想法。

"现在我们的目标是生产更适合熟成的甲州葡萄。我们要做到的是确保日照时间，提高光合速率，栽培出更加成熟的葡萄。摸索出方法使葡萄酒变得更加丰厚饱满，同时通过5年、10年熟成，产出品质更佳的美酒。"

从2015年开始，他们在种植的葡萄树中选出符合品质标准的一组，开始采用"混合选择"，用低于标准值的葡萄树进行移植，朝着栽培更高品质的甲州葡萄的目标奋进。

在采访的尾声，我们就对于现状满足度的话题询问了三泽。"经历了这么多，我终于站在了起跑线上。我从现在在法国仍未得到足够重视的'两海之间''圣欧班村'这两个地区的酿酒好手，以及活跃在泰国、印度的女性酿酒专家身上，也获得了很大的鼓舞。"

一心专注于事业的三泽所具有的感性气质，似乎也正是甲州精神的表现。

吻酒庄（Kisvin Winery）酿酒负责人

斋藤真佑

带着"在日本酿造葡萄酒"的
信念去冒险

将从加州州立大学习得的葡萄酒酿造技术，应用在日本葡萄酒酿造事业中。

立志于此的，是年轻的酿酒专家斋藤真佑。

她的目标"打动人的葡萄酒"究竟是什么？

带着"在日本酿造葡萄酒"的信念去冒险

"酿酒工作的跨度长达一年，熟成更是长达几年甚至十几年。一名酿酒负责人的主要工作，是从采收葡萄的质量，到酿酒过程的管理。但归根到底，我觉得是酿出美味的葡萄酒。"

这里是山梨县甲州市，日本首届一指的葡萄及葡萄酒产地。在此地的数个酒庄中，斋藤服务的那个名为"吻酒庄"，一个创立于2013年的新酒庄。它就在一个农家的庭院之中，规模极

酿酒专家斋藤真佑的年历

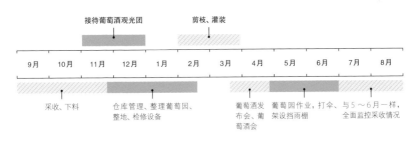

	接待葡萄酒观光团		剪枝、灌装							
9月	10月	11月	12月	1月	2月	3月	4月	5月	6月	7月	8月

采收、下料　　　仓库管理、整理葡萄园、　　　葡萄酒发　葡萄园作业，打伞、与5～6月一样，
　　　　　　　整地、检修设备　　　　　布会、葡　架设挡雨棚　　全面监控采收情况
　　　　　　　　　　　　　　　　　　萄酒会

（1）2月开始剪枝，对葡萄树加以整形修剪。
（2）存放酒桶的仓库。组合使用多种酒桶，以调制酒香。
（3）清洗酿造罐是非常重要的。一般使用强碱、柠檬酸等清洗数次。

小，却对品质有极高的要求。

　　冬天在葡萄园里安装塑胶屋顶，过一小段时间之后再进行剪枝，这是多雨的日本在采收季节特有的做法。

　　"因为被淋湿的葡萄会染病，味道变差。所以必须盖起屋顶防雨，这样才能采收到美味、健康的葡萄。我认为只有使用高品质的葡萄，使用最高超的酿酒技术，才能酿造出好的葡萄酒。"

　　斋藤立志从事葡萄酒酿造事业是在大学时期。她在早稻田大学求学期间，赴法国研修语言学时，与乔纳森·诺西特著作《葡萄酒的真相》的译者加藤雅郁讲师一起，走访了波尔多、勃艮第等地，在科西嘉岛体验了葡萄酒酿造。后来斋藤想要正式学习葡萄酒，便说服家人、朋友同意自己退学，并选择了进入加州州立大学学习酿酒。

在加州及法国学习顶级酿酒技术

　　加州州立大学葡萄酒酿造系，是世界著名的葡萄栽培、葡萄酒酿造学研究机构，在世界葡萄酒业界都很有影响力。加州许多葡萄酒厂的酿酒负责人都出自这所大学。她用四年修完

饮食手帐 —— 葡萄酒

了五年制大学的学业，进入大学附属的酒庄，担任酿酒助手。该酒庄每年仅从优秀毕业生中录用一名。

葡萄酒酿造工作中有不少力气活，传统意义上应是男性从事的工作。比如料理葡萄园，采收和压榨葡萄，以及将葡萄酒倒入酿酒桶等。为了在这样的环境中工作，斋藤上健身房锻炼以增强体力。作为一名女性酿酒专家，她既有知识储备，又有研究热情和体力，更有着柔和的谈吐，温柔的态度。她以特色葡萄酿酒专家的身份，接受了加州当地报纸的采访，并开设博客宣传自己。在这个过程中，她意外地邂逅了"吻酒庄"，及其现任经营者荻原康弘。

"当时荻原老师力邀我加盟，可是我们认识的时候，酒庄连个影子都没有，但我还是来了山梨县（笑）。"

酿造高品质葡萄酒
是她与吻酒庄共同的目标

力邀斋藤加盟的荻原康弘，曾于2005年与伙伴们共同设立了酿酒葡萄学习会组织"Team Kisvin"，他也是其中一名成员。

斋藤接受荻原的邀约来到山梨县，是在2008年末。"在我吃到荻原老师种的葡萄的瞬间，我就萌生了用它们来酿酒的念头。"

可是，因为当时酒庄还未建起来，我就在近郊的酒庄和县里的葡萄酒研究所上班。

"县里的葡萄和葡萄酒都集中在研究所里。我在研究所也自己酿酒，学到

了很多东西。那段时间大大激发了我的求知欲（笑）。"因此，斋藤决定再次赴海外研修，这一次她来到的是让克列古堡。古堡主人、酿酒专家吉尔·克列给了她更大的影响。

"当时我计划在古堡待2个月，但事实上我在那里拼命工作了一年多（笑）。吉尔·克列老师在各方面传授给我很多东西。"

吉尔·克列向斋藤传授的不仅是葡萄酒酿造法，还有购买方法、经营方法，以及如何看准投资标的。甚至还覆盖了对待葡萄酒的态度，以及各方面的注意点。

"葡萄酒中的密码，需要在口腔中仔细分析才能解开。要去仔细研究产地、温度等葡萄酒自带的信息，以及我们自己的味觉。感觉难喝的便不会再多尝一口。老师有严厉的一面，当然也有温情的一面。看到我拼命工作，他也会以'学习'的名义，让我品尝极品葡萄酒。"

酿造打动人心、愉悦人心的葡萄酒

2013年，吻酒庄启动生产。它以县内葡萄种植户的身份，启动日本六次产业化援助资金开始生产葡萄酒，原料只限自家种植的葡萄。斋藤也回国担任酿酒负责人，从第一批酿酒作业开始了她的职业生涯。

"自从我接手酒庄之后，遇到的都是开心事"——斋藤笑着回忆。初期投资是最低限额的，但是所有设备的品质都很好。法国橡木酒桶虽然数量有限，但是最高级的。小型葡萄酒罐也好得没话说。与此相反，酒庄的楼梯是用水

管加工的，灌装、贴标签都是手工作业。

我们还是最看重葡萄的品质。特别是在采收时期，会对果实的成分进行精密的分析，关键是要把握住葡萄成熟度最高的时期。斋藤每天数次往返于葡萄园和分析室之间，在适熟期采收葡萄。并且全盘监控葡萄酒熟成过程，乃至最后灌装。

2014年卖出的葡萄酒包括"白仙粉黛"和"甲州"，用水果葡萄类品种酿制的白葡萄酒，以及黑皮诺与西拉葡萄混酿的桃红葡萄酒4种。2015年售出霞多丽、红宝石、甲州起泡酒等，品种增至8种。

无论哪一品种，都既带有新鲜、清新的口感，又有着独特的个性。其底蕴深厚的味道，让人期待下一年，以及5年后、10年后的产品。

（上）代表性品牌。左起为甲州品种"甲州（Koshu）"、西拉、梅鹿辄、改变了黑皮诺配比酿制的"Rosé（桃红葡萄酒）"及"红宝石（Rubis）"。每一款都清新馥郁。
（下）酒庄门店入口。来店之前务请预约。

黑皮诺究竟是什么味道?

有一种说法认为, 古往今来只有勃艮第才能酿出美味的黑皮诺葡萄酒。
然而, 这个定论如今正在发生着变化。

图片来源: 樋口一郎

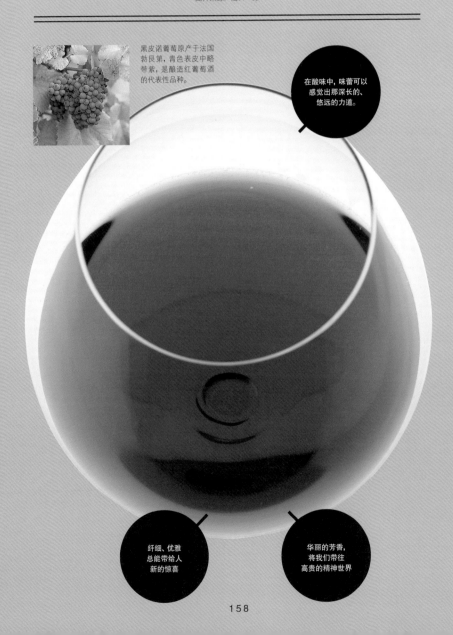

黑皮诺葡萄原产于法国
勃艮第, 青色表皮中略
带紫, 是酿造红葡萄酒
的代表性品种。

在酸味中, 味蕾可以
感觉出那深长的、
悠远的力道。

纤细、优雅
总能带给人
新的惊喜

华丽的芳香,
将我们带往
高贵的精神世界

黑品诺的12大产地及特点

味 —— 与赤霞珠相比，酸味更强，单宁带来的涩味非常弱。与其说力道强劲，不如说优雅、纤细的香味与口味才是黑皮诺的真实状态。

[12大产地]

① 勃艮第（法国）

② 香槟地区（法国）

③ 维拉美特酒庄（美国）

④ 索诺玛海岸酒庄（美国）

⑤ 圣塔芭芭拉（美国）

色 —— 黑皮诺葡萄果皮薄，呈现典型的浅色。常形容其为"亮丽的红宝石"。

⑥ 维多利亚州（澳大利亚）

⑦ 塔斯马尼亚岛（澳大利亚）

⑧ 马丁堡酒庄（新西兰）

⑨ 奥塔哥（新西兰）

⑩ 智利

⑪ 南非

⑫ 日本

香 —— 香味令人联想起浆果或樱桃等，果皮红色，口感柔软的水果。特别是勃艮第出产的黑皮诺，据说芳香似薄荷、花朵、野兽肉等。

不可错过的黑皮诺葡萄酒

20世纪90年代初，新世界的黑皮诺在以加州为主的地区人气大涨。原因是其有别于勃艮第，与过往给人的印象完全不同。后来，全世界都致力于提高品质，这也支撑起了黑皮诺的人气。

圣杯黑皮诺红葡萄酒
THE GRAIL PINOT NOIR

▶产地：南非盐山

▶葡萄品种：黑皮诺

▶酿造年份：2013年

▶容量：750毫升

▶价格：2,000日元

▶进口商：
休闲酒窖（Cave de ReLax）

此酒使用的，是人工采收的有机栽培葡萄。熟透的草莓、黑莓味，单宁味及酸味达到绝妙的平衡。

艾拉斯黑皮诺干红葡萄酒
PINOT NOIR ERATH

▶产地：美国俄勒冈州

▶葡萄品种：黑皮诺

▶酿造年份：2013年

▶容量：750毫升

▶价格：3,360日元

▶进口商：FWINES

此款酒所用的，是从俄勒冈州各地自有的签约葡萄园中严选出的葡萄，酿出的是俄勒冈特有的柔和水果味的葡萄酒。

饮食手帐 —— 葡萄酒

通体飘香的女王

有关黑皮诺种植的记载非常古老，据说可以追溯到1世纪前后。与有着"勃艮第之王"之称，常与其他品种杂交培育新品种的赤霞珠相比，黑皮诺的特点是一般不与其他品种混酿。葡萄颗粒小，果粒紧密或极紧密。易腐烂，发芽早，不耐寒，栽培过程需精心关照，不适合大量生产。

创意与技术并重的专业人士

适合搭配红酒的精品小菜10款

有了它们，下酒小菜更美味。

菜单
01

菜单
02

菜单
03

菜单
04

菜单
05

莫雷索

梅西塔

和尚

小笠原餐厅

奥尔甘

红酒水波蛋酥皮馅饼

清蒸北鳕鱼

红酒煮牛肉

酥烤帕尔马干酪

牛排无花果沙拉

菜单
06

菜单
07

菜单
08

菜单
09

菜单
10

圣鹰

波苏拉波苏拉

威尼斯餐吧

石榴花

夜食屋275

松叶蟹白香肠

西兰花烤牛油果沙拉

威尼斯风味炖牛肚

炒面包粉及柠檬风味
土豆酱汁配蒸牡蛎

春菊酱汁配白萝卜炖
鰤鱼

莫雷索
Moreceau

红酒水波蛋酥皮馅饼

材料（4人份）

冰冻馅饼坯……2片
【水波蛋】
> 红葡萄酒……250毫升
> 红酒醋……50毫升
> 水……250毫升
> 鸡蛋……4个

【红酒酱汁】
> 红葱头……50克
> 大蒜……5克
> 黄油……少许
> 红葡萄酒……500毫升

玉米淀粉……少许
砂糖……适量
耐冻果胶……1小勺
盐……少许
胡椒……少许
培根……适量
炸面包丁……适量
欧芹……少许

做法

❶将2片馅饼坯重叠在一起烤过之后，从上往下将中间部分掏空，做成碟形。

❷将红葡萄酒、红酒醋（凝固蛋白用）倒入水中，稍微煮沸之后放入鸡蛋。

❸煮2～3分钟，待其硬度接近温泉蛋时捞出，置于厨房纸巾之上。

❹制作红酒酱汁。在锅中倒入黄油，放入红葱头、大蒜，稍微炒一下。

❺将红酒倒入❹的锅中，煮至原汤汁量的⅓为止。

❻从开始沸腾至煮干的过程之中，一定要撇净浮沫。

❼煮至剩余⅓的量。

❽另置一个锅，放入砂糖及少量水，及至焦糖状时关火。

❾按照玉米淀粉、耐冻果胶、黄油（另备）的顺序，将❽与❼混合。

❿将步骤❸中盛出的水波蛋放入馅饼"碟"中。

⓫倒入红酒酱汁，直至淹没整个水波蛋。再在其上撒上培根丁、炸面包丁、欧芹作为装饰。

确认
|

染成红色的水波蛋赏心悦目

将鸡蛋打入红酒中，几分钟后取出时，就会变成一个红色的水波蛋。成品上桌时划开鸡蛋表面，既饱口福又饱眼福。

档案
Moreceau（莫雷索）

地址/东京都品川区上大崎2-18-25
☎ 03-3491-1646
营业时间/18:00—（最后点餐时间22:30）
休息日/周一
http://morceau.pinoko.jp/

菜单
02

梅西塔
mescita

清蒸北鲳鱼

材料（2～3人份）

北鳕鱼……1条
特级初榨橄榄油……足以覆盖锅底的量
芜菁……2个
鲷鱼高汤
（用白葡萄酒、水、菜帮子煮5～10分钟
而成）……适量
矿泉水……与鲷鱼高汤等量
特级初榨橄榄油（香味上乘、品质佳
者）……适量

做法

❶除净北鳕鱼的头及内脏，将盐均匀地抹
　在身体两面。

❷锅中倒入特级初榨橄榄油，放入❶。

❸将2个芜菁分别切成四等分。

❹将❸铺满鱼身，尽量将其全部覆盖。

❺将等量鲷鱼高汤与矿泉水倒入锅中。

❻改大火煮10分钟左右。

❼调味，关火。

❽先将北鳕鱼盛出，置于盘中。

❾在❽的鱼身上覆盖芜菁，倒上汤汁，最
　后淋上橄榄油。

确认
|

盛盘之后淋上橄榄油可以增香

最后淋上优质的橄榄油以提升香、味。一个简
单的操作便能为菜肴加分。

档案
Mescita（梅西塔）

地址/东京都目黑区目黑4-12-13
☎ 03-3719-8279
营业时间/16:00—
休息日/周日（法定节假日正常营业）
http://mescita.jp

和尚
Le Bonze

红酒煮牛肉

材料（1人份）

- 牛颊肉……300克 **A**
- 牛肉高汤……1升 **A**
- 红葡萄酒……300毫升
- 煮成的汤汁……100毫升 **A**
- 培根……适量
- 小洋葱……2个
- 蘑菇……3个
- 黄油……少量
- 盐……少许
- 胡椒……少许

做法

❶ 用红葡萄酒将牛颊肉腌泡一天，再与牛肉高汤、红葡萄酒一起炖4～5小时。

❷ 待❶冷却后，将牛颊肉切成适当大小，盛盘并浇上汤汁。

❸ 将❷放入功率500瓦的微波炉中加热5分钟。

❹ 将装饰用的培根、小洋葱、蘑菇切成易入口的大小。

❺ 用黄油将小洋葱炒至浅棕色，加盐调味。

❻ 将红葡萄酒倒入锅中，煮至呈现红宝石般鲜亮的颜色。

❼ 在❻中加入汤汁、黄油、盐、黑胡椒，继续炖煮。

❽ 将❸放入盘中，用❺加以装饰，再淋上❼。

确认

文火慢炖牛颊肉

牛颊肉含有大量脂肪，最适合炖煮。考虑到肉可以在余热中持续炖煮，建议稍早一些关火。将煮熟的牛颊肉静置冷却使蛋白质凝固，还可以享受到胶质所带来的口感。

档案

Le Bonze

地址/东京都中央区银座
4-10-1 AZA大厦3层
☎03-5565-3055
营业时间/18:00－23:30
（最后点餐时间22:30）
休息日/周一、其他时间
不固定

菜单 04

小笠原餐厅
OGASAWARA RESTAURANT

酥烤帕尔马干酪

材料（2人份）

春卷皮（用面粉摊成）……1片
意式培根……20克
24个月熟成的帕尔马干酪……适量
米糠油……20克
盐花（法国产的盐）……少许
盐、胡椒……各少许

做法

❶ 将春卷皮切出与磨具相同的形状。

❷ 将意式培根切成细丝备用。可作调节咸味之用。

❸ 将春卷皮铺在磨具上，均匀撒上意式培根丝。

❹ 撒上帕尔马干酪，直至将春卷皮全部覆盖。

❺ 将米糠油从上方倒在帕尔玛干酪上。

❻ 将❺放入预热180℃的烤箱烤制。

❼ 烤制10分钟，至表面起褶，呈浅棕色。

❽ 用厨房纸巾吸净多余的油分，再次放入烤箱。

❾ 在150℃下加热7分钟，再次吸去油分即成。

❿ 掰成任意大小，在盘中叠出任意造型。

确认
|

米糠油值得关注

普通的油一经加热便开始劣化，而米糠油的特点则是耐高温，不易劣化。用米糠油烹调的食物口感清爽，且不破坏食材的原味，是很受欢迎的食用油。

档案
小笠原餐厅

地址/东京都新宿区荒木町6-39花园树B1层
☎ 03-3353-5035
营业时间/16:30—22:00（最后点餐时间）
"放心交给我"套餐 16:30—21:00（最后点餐时间）(仅限周六、日及法定节假日)
休息日/不固定
http://ogasawara-restaurant.tokyo/

菜单 05

奥尔甘
Organ

牛排无花果沙拉

材料（2人份）

牛排……200克
红菊苣……2片
生无花果……2个
盐、胡椒……各适量
【自制沙拉酱】
第戎芥末酱……20克
橘子酱……10克
咖喱粉……少许
白酒醋……70毫升
大蒜（烤）……1片
特级初榨橄榄油……50克
盐……0.8克
柠檬汁……适量
核桃……3瓣
蓝芝士……20克
有喙欧芹……1片
特级初榨橄榄油……适量

做法

❶ 牛排洗净、去膜。选出鲜嫩的红菊苣。

❷ 将沙拉油涂抹在牛排表面，用锡箔纸包起，在预热170℃的烤箱中烤制1～1.5个小时。

❸ 加热至用竹牙签能够穿透牛排的程度，移入冰箱冷藏之后，切成一口大小。

❹ 牛排烤至透心是整个流程中的关键点。烤制时间因根据牛排的大小而定。

❺ 将无花果、红菊苣切成易入口的大小。

❻ 在牛排、红菊苣上撒盐、胡椒使之入味。

❼ 将牛排和红菊苣放入碗中，加入1小勺自制沙拉酱调匀。

❽ 所有材料与沙拉酱搅拌均匀，与红菊苣一起装盘，摆上无花果与蓝芝士。

❾ 挤几滴柠檬汁，撒上核桃，再撒上有喙欧芹加以装饰。

❿ 浇几滴橄榄油，完成。

确认

使用牛排前做好预处理是关键

烤过的牛排色泽鲜艳，味道也更加鲜美、浓郁。想要获得更好的口感，建议用竹签扎进肉中，感觉肉质的软硬是否已达到自己的喜好标准。

档案
Organ（奥尔甘）

地址/东京都杉并区西荻南2-19-12
☎ 03-5941-5388
营业时间/17:00～24:00（最后点餐时间23:00）
休息日/周二、每月第4个周一

圣鹰
Saint FAUCON

松叶蟹白香肠

材料（4人份）

松叶蟹（蟹壳、蟹肉）……135克
红葱头……50克
白身鱼（这里使用鲉鲉鲬）……240克
蛋白……70克
鲜奶油……140克
小葱……10克
茴香利口酒……适量
盐……适量
花椰菜……适量
宝塔花菜……适量
【美国酱汁】
　鱼高汤……3升
　鲷鱼头、鱼骨……2条份
　洋葱……2个
　芹菜……2根
　柠檬……半个
　月桂叶……2片
Ⓐ 欧芹梗……2根
　白葡萄酒……300毫升
　水……4升
　龙虾壳……1.5公斤
　甜虾（带壳）……500克
　洋葱……2个
　芹菜……2根
　黄油……30克
　番茄酱……150克

做法

❶松叶蟹煮熟，拆蟹肉。炒红葱头。

❷将❶的食材合在一起，开火加热至水分蒸发，盛盘冷却。

❸用厨房纸巾将白身鱼的水分吸干。

❹将白身鱼切成适宜大小，放入食物料理机中搅成泥状。

❺冷却30分钟后，加入蛋白继续搅拌，再放入冰箱中冷却10分钟。

❻将鲜奶油分次加入❹中，再放入❷、小葱，混合搅拌均匀。

❼将❺包在保鲜膜中，卷成香肠状。

❽在70℃的热水中煮10分钟，再翻面煮5分钟，待煮出弹性之后放入冰水，再放入冰箱。

❾解开保鲜膜，在锅中放入50克美国酱汁加温后取出。

❿将松叶蟹烤过，放入搅拌机中打碎，加入A，再加入鲜奶油。

⓫将❾放入锅中煮，用盐调味，滴入3滴茴香利口酒。

⓬将❽与蔬菜盛盘，淋上酱汁。

鲜美的鱼贝类食材是美味的决定性因素

制作白香肠一般使用猪肉，但这次我们选择了松叶蟹及白身鱼，做出的白香肠口味清淡、柔和。预处理时彻底吸干水分，有助于去除腥味。

确认

档案
Saint FAUCON（圣鹰）

地址/东京都涩谷区西原2-28-4
宫岛大厦1层
☎03-3465-7565
营业时间/18:00－23:00
休息日/周二、其他时间不固定

饮食手帐　—　葡萄酒

波苏拉波苏拉
Potsura Potsura

西兰花烤牛油果沙拉

材料（4人份）

西兰花……¼棵
牛油果……¼个
特级初榨橄榄油……适量
盐……少许
"塔巴斯科辣椒酱"……4滴

做法

❶将橄榄油浇在西兰花及牛油果上，用盐预先调味。

❷在预热200℃的烤箱内，将西兰花烤10分钟，牛油果烤15分钟。

❸烤好的西兰花放入用冰块镇过的碗中，以防止其变色。

❹将牛油果切成¼大小，剥去皮。

❺将牛油果捣成泥，浇上"塔巴斯科辣椒酱"。

❻在❺中撒少许盐，不断搅拌将其捣成泥。

❼在❻中加入西兰花，迅速搅拌。

❽注意搭配颜色，盛盘时摆出立体效果。

确认
|

用鲜亮的绿色装点餐桌

最需要上心的是颜色的搭配，突出西兰花和牛油果鲜亮的绿色。注意西兰花不可烤得太过，从锅中捞起后立即冷却可防止变色。

档案
Potsura Potsura
波苏拉波苏拉

地址/东京都涩谷区圆山町22-11
堀内大厦1层
☎03-5456-4512
营业时间/18:00—24:00
休息日/周一（不固定）
http://www.poturapotura.com/

威尼斯餐吧
Gli Scampi

威尼斯风味炖牛肚

材料（4人份）

　牛肚……1公斤
　芹菜……1根
　胡萝卜……1根
　洋葱……1个
　橄榄油……适量
　盐……适量
　月桂叶……2片
　迷迭香……1根
　黄油……200克
【番茄酱（100克）】
　整个番茄……100克
　洋葱末……适量
　盐……适量

帕尔玛奶酪……100克
意大利香芹……适量

做法

❶将牛肚彻底洗净。自制番茄酱备用。

❷用大锅煮牛肚以去腥。

❸芹菜、胡萝卜、洋葱切末后一起倒入锅中。煮开一次即换水再煮，如此重复3次。

❹煮开，牛肚浮起时捞起，将水倒掉。

❺去腥之后，将牛肚及蔬菜放在笊篱上冷却。

❻将煮好的牛肚切成短短的条状，将胡萝卜切成骰子大小，芹菜、洋葱切成同样大小。

❼用橄榄油将洋葱炒透，放入牛肚条。

❽往锅中倒水，刚刚没过牛肚时再多加一些即可。

❾放入盐、月桂叶、迷迭香，继续煮3个小时左右。

❿待牛肚煮至符合自己喜欢的硬度时，放入番茄酱及黄油。

⓫最后放入芝士。装盘之后，撒上意大利香芹。

确认

牛肚预处理的效果直接影响着成品的口味

牛肚有着特殊的腥味，如果预处理得当，炖煮出来会更加美味。牛肚的硬度可以通过重复煮开→换水→煮开的次数，以及炖煮时间的长短来控制。每一次煮开倒掉水之后，都要将牛肚洗净再放水煮。

档案
Gli Scampi（威尼斯餐吧）

地址/东京都新宿区神乐坂2-20-1 102号
☎03-3267-6558
营业时间/18:00—次日2:00、周日15:00—24:00
休息日/周一、法定节假日

石榴花
Melograno

炒面包粉及柠檬风味土豆酱汁配蒸牡蛎

材料（2人份）

大蒜……1片
特级初榨橄榄油……15毫升
牛至……1根
百里香……1根
牡蛎……5个
盐……适量
白葡萄酒……适量
土豆……2个
牛奶……100毫升
鸡高汤……100毫升
柠檬……1个
【炒面包粉】
  面包粉……250克
  番茄泥……15克
  牛至……3克
Ⓐ 罗勒……3克
  洋葱……15克
  橄榄油……20克
  刺山柑花蕾……15克

做法

❶ 将平底锅烧热，放入橄榄油、大蒜、牛至、百里香炒。

❷ 将大蒜及香草炒出香味，将撒过盐的牡蛎放入平底锅。

❸ 迅速煎一下牡蛎，倒入白葡萄酒增香。

❹ 倒入酒之后，盖上锅盖，焖几分钟。

❺ 倒入土豆、牛奶、鸡高汤搅拌均匀，用柠檬汁、盐调味。在盘中铺上土豆汁，牡蛎盛出摆盘。

❻ 用橄榄油将Ⓐ的食材做成炒面包粉，撒在盘中作为装饰。

确认

|

炒面包粉究竟是什么？

意大利人将面包粉用油炒熟，撒在料理上食用。细腻的面包粉用橄榄油炒过之后，嚼起来口感生脆。香脆的炒面包粉，最适合搭配柠檬口味的酱汁。

档案
Melograno（石榴花）

地址/东京都涩谷区广尾5-1-30
☎ 03-6459-3625
营业时间/午餐12:00—14:30（最后点餐时间）(仅限周六、日，法定节假日)
晚餐18:00—23:00（最后点餐时间）
休息日/周二
http://melograno.jp

春菊酱汁配白萝卜炖鰤鱼

材料（2人份）

黄油……适量
清汤……200毫升
白萝卜……150克
鲥鱼……60克
鱼杂汤……200毫升

【酱汁】

Ⓐ
　春菊（捣成泥状）……1束
　红葱头（切末）……1片
　蘑菇（切末）……适量
　味美思酒……150毫升
　葡萄酒醋……150毫升
　鲜奶油……300毫升

做法

❶ 备齐材料。鱼杂汤、清汤事先做好存放起来。

❷ 将黄油在锅中融化。

❸ 将鲥鱼放入锅中。

❹ 将清汤倒入锅中。

❺ 开小火，在锅中将白萝卜用清汤慢慢煮至入味。

❻ 将鲥鱼切成小于1厘米的大小。

❼ 将切好的鲥鱼装盘，准备用来涮鱼杂汤。

❽ 将鲥鱼块没入鱼杂汤中。

❾ 待稍稍变色时，从锅中捞出鲥鱼。鱼肉未煮透也无妨。

❿ 将白萝卜划出刀口，以易入口的大小为宜。装盘，将鲥鱼置于其上。

⓫ 制作酱汁。将春菊、红葱头、蘑菇与上述材料表中的其他材料一起炖煮，倒入鲜奶油稀释酱汁。

⓬ 将酱汁淋在盘中的食材上，趁热享用。

确认

|

**借高汤之力，
做出高级餐厅的味道**

此菜利用鱼杂汤来涮食材，是一道海鲜味满满的昂贵料理。涮过食材的高汤还可以保存起来，用于其他料理。

**档案
Yashokuya 275（夜食屋275）**

地址/东京都港区白金5-13-6
☎ 090-8085-7315
营业时间/19:00一深夜
休息日/不固定
http://yashokuya275.at.webry.info/

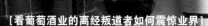

特别专题

[看葡萄酒业的离经叛道者如何震惊业界]

成为葡萄酒酿造商
竟然是因为讨厌葡萄酒？

本书接下来的篇幅要留给葡萄酒生产商大西孝之。
他"一开始讨厌葡萄酒"，却在独立创业过程中震惊了业界。
让我们从这个特别专题中，感受主人公特殊的经历，
哲学思维，及其命中注定的葡萄酒。

图片来源：久保田敦

不打破理论，便没有新生事物

——葡萄酒生产商　大西孝之

从"学习"到"享受"
葡萄酒改变人生走向

大西孝之是一名新锐的葡萄酒生产商，主阵地设在关西，有一批葡萄酒爱好者追随其后。他在葡萄酒业界被视为"离经叛道者"而备受关注的首要原因，在于他从"一开始讨厌葡萄酒"，到后来慢慢沉浸于此业的特殊经历。

"我对葡萄酒的初体验来自大学时期，往几百日元买来的廉价酒里兑葡萄味碳酸饮料（笑），那味道一点儿也不好啊。"

从那之后，他便不能接受葡萄酒，喝的酒都是啤酒和波旁酒。然而阴差阳错的是，他大学毕业后供职的偏偏是一家葡萄酒进口公司。

入职的第一年，他的工作地点在实体店。正当他为了工作和业务学习而勉强试喝葡萄酒时，一款改变他人生的葡萄酒出现了。"当时公司在德国持有的酒庄生产的一款酒叫作'阿曼德'，我喝过之后大感震惊，以往对于葡萄酒的成见顿时被打破。那一瞬间，我的味蕾终于感受到了葡萄酒的美味。"

在工作中，他也会不时去葡萄酒柜台帮忙。每天采购红酒，手写POP广告贴在酒瓶上出售，将销售红酒变成一件更有意思的事情。

从第2年开始，他转岗到自己向往的电商部门，因此获得了赴海外葡萄酒庄研修的机会。

"我亲眼看到了生产车间，真切地感受到一瓶好酒其实是一个'作品'，如实地表现出酿造者的个性。葡萄酒是有灵魂的。这也正是我想要传达的，葡萄酒的有趣之处。"

专家边享受边创造，成熟的葡萄酒游戏

后来，公司基于社内风投制度，在线上启动了新业务。

"这是一个全部运营有机产品的商城，一切从零开始的阶段十分艰难。我总是加班到很晚，以致只能赶上末班地铁。为了节约经费，每次出差都坐夜

布赫酒庄阿曼德雷司令干白葡萄酒

Reichsrat von Buhl
Armand

▶ **酒庄:** 布赫酒庄
▶ **产地:** 德国普法尔茨
▶ **葡萄品种:** 雷司令
▶ **容量:** 750毫升
▶ **价格:** ※ 无现货

※ 日语的"大学"与"大乐"发音相同。以此暗示大西主张不要学习葡萄酒,而要享受葡萄酒。"乐"既是"享乐"又是"音乐",如同享受音乐一般享受葡萄酒带来的乐趣。

这是一款中甜葡萄酒,杏子的水果味与酸味达到很好的平衡。"喝到这款酒时的触感和场景令我铭记至今。这简直就是能够改变人生的一款酒。"

"现在国际上比较关注大年葡萄酒占大比重的葡萄酒新兴国家新西兰。而在日本国内,土壤潜力深厚的北海道生产的葡萄酒也是业内瞩目的焦点。"

大西传授

恋上葡萄酒的 3个理由

☑ 被设计时尚的封盖勾起购买欲

- - - - - - - - - - - - - - - -

☑ 3岁稚童都会搭配葡萄酒与料理

- - - - - - - - - - - - - - - -

☑ 被有故事的葡萄酒打动

"连封盖都做得很时尚的酿造者,对口味也会有很好的品位。根据酒液与食物的颜色来组合是最简单的方法。了解到隐藏在高级葡萄酒背后的轶事就是件乐事。"

班车。那个时候就是不断在试错。"

因为没有达到预期目标,项目运营了4年便告终结。但那段时间给大西带来的一大收获是,他能够将葡萄酒作为一种商品,让自己从旁观察,客观审视。

"我明白了一个道理,门槛太高是推广葡萄酒的一个瓶颈。在新事业进展不顺的时候,我仔细思考了自己的强项究竟是什么,结果答案是'红葡萄酒'。"

于是,他回到亏损的线上事业部,用2年时间扭亏为盈之后独立创业,一家属于他自己的公司"Studio Clos Noir"就此诞生。"那时,不少朋友让我为代为挑选葡萄酒作为馈赠礼物,这件事启发了我。向谙熟葡萄酒的爱好者们传授知识,这件事可以让其他人去做。如果是我自己做的话,最开心的事便是用浅显的语言,将葡萄酒的有趣告诉'喜欢但不了解'的那些人。反

正都要自立门户了,那就尽情享受人生吧。"

一开始开设的是葡萄酒网店"Clos Noir"。我只负责预算和偏好,将选择葡萄酒的任务交给专业人士。这种模式在业界一时间成为热门话题。

"专业人士常驻实体店,而网店上尽是'获金奖'之类的广告。我觉得即使知识为零的人也能买到的服务,其实算不了什么。"

单是网店主营的葡萄酒就超过了1500种,从经典的葡萄酒到新世界葡萄酒,每一种都是经过严格挑选的。

"我现在思考的,是如何帮助客户选择契合获赠礼物的人性格的葡萄酒。前几天举办了一个葡萄酒协会的活动,活动对象是6名对葡萄酒一无所知的人士。我事先针对每个人的性格,分别为他们挑选了合适的酒款。在做自我介绍之前,他们分别喝了属于自己的

在店中可以尽情享受来自意大利全境的葡萄酒，烹调菜肴使用的还是农家直送的有机蔬菜，因此而捕获了许多女性顾客的芳心。

档案
BELLA BOCCA
地址/大阪府大阪市北区芝田
1-3-13 柴田大厦B1层
☎ 050-5785-8889
营业时间/11:30～14:30（最后点餐时间14:00）、17:30～24:00（最后点餐时间23:30）
※周六、日及法定节假日的晚餐17:00～
休息日/年中无休

（1）店中最受欢迎的菜肴"意式烤蔬菜温沙拉"（1,382日元），用新鲜的烤蔬菜搭配使用无农药种植的青豆自制的味噌。
（2）店内环境雅致，从小酌到晚餐都可享用。
（3）使用植物食材制作的"田间牡蛎（2个500日元）"

那一款才开始发言。这就是一种很有意思的体验，以酒表现性格的礼物，都可以在我们店里找到。"

这样的话语，听在耳朵里便会让人兴奋不已。这就是大西风格的葡萄酒，而让他们成其为离经叛道者的，大概是那些多姿多彩的活动。除了与食物相关的活动之外，他还举办过许多跨界的活动，比如将和太鼓的音色与葡萄酒连结在一起的演唱会，与书法家合作，以红葡萄酒为墨汁，将红酒印象用书法语言表达的展览会等。

这些都是为了用葡萄酒让人们展露笑颜，是"认真的葡萄酒游戏"。他想要通过幸福的葡萄酒让世界展露笑容。

2015年开始启动"葡萄酒大乐"＊。这是一个线上葡萄酒沙龙，通过问答邮件等形式，让完全不了解葡萄酒的人们"享受"葡萄酒，而不是"学习"葡萄酒。该沙龙以红酒"学校"之

名获得了不少人的好评。而葡萄酒产品店从创店之初，便在店中配备调酒师，为料理搭配适合的红酒而创下良好口碑，随后更是在首都圈及关西圈开设了60多家餐厅。那么，大西通过这些活动想要传达的究竟是什么呢？

"其实非常简单，我一开始是讨厌葡萄酒的，但当我了解了葡萄酒之后，人生便变得快乐了。我想让大家体验的也正是这一点。葡萄酒在日本已从热潮沉淀为一种文化，不是文化，而是食文化。人们的生活与食物密不可分，满足了饮食的快乐，人生一定会变得幸福。所以我就想用葡萄酒让世界展现笑容。啊，对了，前阵子听说意大利有一种'冥想之酒'……"

有了这位求知若渴，又勉力宣传葡萄酒文化的专家，看来日本食文化振兴的日子已不远了。

大西命中注定的7款葡萄酒

大西为我们甄选的这7款酒，从充满成熟之美的熟成葡萄酒，
到艺术作品般的加州红酒，以及夸耀世界的日本红酒，每一款都个性独具。

搭配料理
烤肉、牛肠锅仔

搭配料理
无须搭配任何料理，
直接享受便可

搭配料理
烤鸭肉和嫩煎蘑菇

乐菲庄园干红葡萄酒
Chateau Lafont
Fourcat

❱ 酒庄：乐菲庄园
❱ 产地：法国波尔多大区上梅多克
地区波雅克村
❱ 葡萄品种：梅鹿辄、赤霞珠、马
尔贝克
❱ 酿造年份：2012年
❱ 容量：750毫升
❱ 价格：2,300日元
❱ 进口商：德冈
☎ 06-4704-3035

"这是一款进口酒，留给我很深的
印象。它来自我访问过的一家无名
酒庄，却令我怦然心动。它散发的
香味，如同漫步于雨后森林中感受
到的湿木头和泥土的芬芳。那只有
波尔多葡萄酒才有的复杂感达到令
人舒适的平衡。享用时被神奇地治
愈了。"

靓茨伯庄园1966年份
干红葡萄酒
Chateau Lynch
Bages 1966

❱ 酒庄：靓茨伯庄园
❱ 产地：法国波尔多大区上梅多克
地区波雅克村
❱ 葡萄品种：梅鹿辄、赤霞珠、品
丽珠、小维多
❱ 酿造年份：1996年
❱ 容量：750毫升
❱ 价格：※ 无现货

"这款酒刷新了我对葡萄酒熟成这
种绝佳魅力的认识。闪烁着鲜艳的
红宝石般的光辉，散发着盛放花朵
的清香及松露等熟成香，还有威士
忌酒桶般的木头香都让人念念不
忘。所谓'优雅的红酒'酒是为它
而生的词汇。"

勒克莱尔隐修士
（热夫雷·香贝丹一级园）
2000年红葡萄酒
Philippe Leclere Gevrey
Chambertin ler Cru "La Combe
aux Moines" 2000

❱ 酒庄：勒克莱尔酒庄
❱ 产地：法国勃艮第大区夜丘地区
热夫雷·香贝丹村
❱ 葡萄品种：黑皮诺100%
❱ 酿造年份：2000年
❱ 容量：750毫升
❱ 价格：※ 无现货
❱ 进口商：德冈
☎ 06-4704-3035

"当我造访勃艮第时，第一次在
勒克莱尔酒庄了解到，虽然都是
100%使用黑皮诺，但不同葡萄园
出产的黑皮诺，酿出的葡萄酒全然
不同。酒散发覆盆子般酸甜的水
果香味。它的色泽并不深浓，口味
却深厚如浓缩。肉感佳，似可透过
酒液看见甘美的果实。是一款让人
联想起女强人的葡萄酒。"

鹿跃酒窖23号桶 赤霞珠红葡萄酒
Stag's Leap Wine Cellars CASK23

沙朗牛排

> ❯ 酒庄：鹿跃酒窖
> ❯ 产地：美国加州纳帕谷产区
> ❯ 葡萄品种：赤霞珠
> ❯ 酿造年份：2000年
> ❯ 容量：750毫升
> ❯ 价格：※ 无现货

"我在加州喝到这款酒时，那番快意令人陷入忘我之境。那互为交织的、丰富多彩的香味自不必说，各种要素叠加在一起形成的复杂味道的深度简直魅力无穷，如同一件百看不厌的艺术品。"

特茜酒庄深蓝俱乐部 白葡萄酒
Weingut Tesch Deep Blue Club Edition

冬阴功汤

> ❯ 酒庄：特茜酒庄
> ❯ 产地：德国那赫地区
> ❯ 葡萄品种：黑皮诺100%
> ❯ 酿造年份：2014年
> ❯ 容量：750毫升
> ❯ 价格：3,996 日元
> ❯ 进口商：mottox 70120-344101

"这是一款用红葡萄酒酿酒葡萄酿制的辣味白葡萄酒，非常珍贵。与普通的白葡萄酒相比，它带有浓厚的苹果糖味，葡萄果实般的香味，以及水果般的酸味。在此基调之上，那充分溶解于酒液中的浓厚味道冲击着味蕾，使人上瘾。"

格雷斯酒庄 甲州白葡萄酒
GRACE KOSHU

味道细腻的豆腐料理

> ❯ 酒庄：格雷斯酒庄
> ❯ 产地：山梨县胜沼
> ❯ 葡萄品种：甲州100%
> ❯ 酿造年份：2014年
> ❯ 容量：750毫升
> ❯ 价格：公开价格
> ❯ 进口商：中央葡萄酒
>   0553-44-1230

"是这款日本葡萄酒，第一次使我被甲州葡萄酒的美味所打动。它的色泽近乎透明，酒液呈淡淡的黄色，甘美如白桃，香味富有魅力。它的味道细腻，水果般的酸味与柑橘类那高雅的苦味达到绝好的平衡，这两种味道交织出了甲州品种的魅力。"

哈兰酒庄2004年 正牌干红葡萄酒
Harlan Estate 2004

水洗奶酪

> ❯ 酒庄：哈兰酒庄
> ❯ 产地：美国加州纳帕谷
> ❯ 葡萄品种：赤霞珠主体
> ❯ 酿造年份：2004年
> ❯ 容量：750毫升
> ❯ 价格：※ 无现货
> ❯ 进口商：中川葡萄酒
> ☎ 03-3631-7979

"这是第一次让我体会到'完美'的红葡萄酒，带给我巨大的冲击。它的紫色深浓，高雅的木桶香及各种各样的辣味、果香交织其中。入口的一瞬，顿感富有生命力的冲击，而与舌头的触感却柔滑得出人意料。这绝对是我喝过最好的赤霞珠葡萄酒，给我留下了难以磨灭的印象。"

(wine dictionary)

葡萄酒用语集

掌握常用葡萄酒用语，才能有备无患。

混酿

也就是调和。将各种不同的特酿混合在一起，为口味赋予特色。一般在灌装前进行。

亚硝酸盐

添加在葡萄酒中，作为抗氧化剂使用。它可以防止葡萄酒氧化，抑制有害细菌繁殖，但不妨碍酵母的作用。

芳香

通过嗅觉感知到的香味的总称。芳香会随着时间而发生变化，变为更加复杂的花香。

花青苷

葡萄皮中所含的多酚类物质，为葡萄酒着色。

AOC

法语"Appellation d'Origine Controlee"的缩写，即"原产地名称保护葡萄酒"，指某一地区或指定场所酿

造的法国葡萄酒。遵循严格的生产条件，经过官能检验及分析检查，获得官方认可。

橡木

采自橡树，世界上几乎所有地区熟成葡萄酒都用橡木制作酒桶。

沉淀

葡萄酒中所含的蛋白质色素。由涩味的来源单宁等多酚类物质混合而成的，不易融化的沉淀物。

清洗酒桶

将葡萄酒从一个酒桶转移至另一个酒桶时，清除桶中沉淀物的工序。

酒窖

来自法语"cave"，藏酒的仓库，主要为熟成葡萄酒所用。理想的保存状态一般是气温11℃～15℃，湿度70%～75%。意大利语称"cantina"。

贵腐

葡萄感染贵腐菌（Botrytis cinerea）形成干葡萄般的状态。

列级酒庄

法语意为"葡萄园"。常以"Grand Cru（特级园）""Premier Cru（一级园）"等形式出现，是表示葡萄园的品质的词汇。

起泡酒

瓶内气压比普通香槟（5～6个大气压）低，约在3～5个大气压的起泡酒。发泡极细。该词原意为"奶油、多脂"，自1975年起，为阿尔萨斯、卢瓦河、勃艮第地区利用制造香槟酒的方式酿造的起泡葡萄酒赋予此名。

酵母

进行酒精发酵的微生物，天然附着在葡萄果实表面。有时为了促进发酵，也会在发酵进程中的果汁中添加酵母。

酒庄（Chteau）

该词直译为"城堡"，在波尔多地区指酿造葡萄酒的酒厂。

卧室回温

指在饮用葡萄酒的房间中，将葡萄酒放置几个小时，使之与室内同温度。

熟成

指将葡萄酒装在木桶或酒瓶中保存。熟成时间因年份酒或其他葡萄酒类型而异。波尔多葡萄酒大部分属于长期熟成型，适合装在酒瓶中长期熟成。

酒石

多见于波尔多葡萄酒，是酒石酸（Monopotassium）结晶体。在温度下降时会析出，对葡萄酒完全没有影响。

静态葡萄酒

非起泡葡萄酒，指普通的葡萄酒（红葡萄酒、白葡萄酒、桃红葡萄酒），用于区别起泡葡萄酒或酒精强化酒。

副牌葡萄酒

指次级葡萄酒。主要是波尔多某些著名的酒庄生产的葡萄酒，如果条件次于正牌葡萄酒，便在瓶身贴上其他标签进行流通。

Cepage

该词原意为"葡萄品种"，但多用于指代混合的葡萄品种及其混合比例。葡萄酒酿成时，会将数个品种葡萄酿造的葡萄酒混合起来，以调整成品的味道。该词即指混合的比例。

单一葡萄园

指用来自同一片葡萄园的葡萄酿造的葡萄酒。一般在标签上会注明该园的名称，且品质较高。

单宁

这是从葡萄皮或葡萄籽溶解而出的成分，味道涩且苦。近年来热议的多酚之一，作用是防止葡萄酒氧化。多在形容红葡萄酒的涩味时使用该词。

品鉴

鉴赏葡萄酒的色、香、味。也可以是在餐厅点葡萄酒后试喝，但主要是指主人品尝（Host Tasting）。

换瓶醒酒

将葡萄酒瓶斜向静置片刻，将上层澄澈的酒液移至其他容器，以去除酒中沉淀物。

佐餐葡萄酒

在欧洲各国的葡萄酒法规中，指"日常消费葡萄酒（比如法国的日常餐酒等）"，澳洲的"佐餐葡萄酒"则单纯表示一种葡萄酒类型，用于区分酒精强化酒。

风土

该词概括了土壤中所含的营养成分，葡萄园的日照条件，局部地区的气候条件等与葡萄园相关的环境，风土是决定葡萄酒个性的要素。

静态闻香

葡萄酒入杯瞬间闻到的香味。晃动酒杯时闻到的香味称摇杯闻香。

酒庄（Domaine）

在法语中意为"领域、领地"。指拥有自家葡萄园，从生产至出售都自管理的葡萄园主。该词主要在勃艮第地区使用。

新世界

法国、意大利、德国等葡萄酒酿造历史悠久的欧洲各国被称为旧世界。与之相对，近年来声名鹊起的美国、智利、澳洲等国统称新世界。

酒商

葡萄酒商一般指从生产者那里购买整桶葡萄酒，调好味道后灌装出货的商人。

发酵

指使用发酵酵母这种微生物，使糖分转化成酒精与二氧化碳的工序。

熟成香

指熟成所产生的各种香味。

酒精强化葡萄酒

在酿造过程中，在葡萄酒中添加白兰地或酒精所获得的，高含量酒精的葡萄酒。

软木塞味

指因软木而受到损伤的葡萄酒。"软木"的法语为"bouchon"。

期酒

原意为"初熟物""初上市"。这里指刚刚酿成的葡萄酒。期酒发售指预售尚在木桶中熟成的葡萄酒。

水果酒

除葡萄之外的其他水果酿造的酒。将果实压榨成果汁，加入酵母使其发酵。

加香葡萄酒

在静态葡萄酒中加入药草、香辛料、果汁、甜味调料等，形成风味独特的葡萄酒。常用作餐前酒或餐后酒，以及鸡尾酒的原料。

酒体

该词用于形容葡萄酒的醇厚或强力。重酒体指能够充分感受到涩味，酒精度很高的芳醇型葡萄酒；中酒体指醇厚度恰如其分的葡萄酒；低酒体指涩味和醇厚度都较低，颜色较浅的葡萄酒。

大瓶装

容量相当于两个标准瓶，为1.5升。销售量小，熟成时间慢，大瓶装的古董年份酒叫价很高。

浸渍

让葡果汁保持与果皮接触的状态，以析出单宁、芳香、色素等成分。

乳酸发酵

这是葡萄酒酿造过程中，在一次发酵（酒精发酵）之后产生的二次发酵。葡萄酒中的苹果酸在乳酸的作用下转化为乳酸。

葡萄酒法律

明确规定葡萄的品种，培育葡萄的土壤，栽培方法，气候，采收时间，酿造方法，储藏方法等，以保证葡萄酒品质的法律。

鲜酿酒

从灌装之日起，将饮用时间控制在半年至3年。指瓶中熟成，速度缓慢的葡萄酒。

图书在版编目(CIP)数据

葡萄酒 / 日本EI出版社编辑部编著；方宓译. —— 武汉：华中科技大学出版社，2021.12
（饮食手帐）
ISBN 978-7-5680-7618-0

Ⅰ.①葡… Ⅱ.①日… ②方… Ⅲ.①本册 Ⅳ.①TS951.5

中国版本图书馆CIP数据核字（2021）第214949号

WINE WINE WO SHIREBA JINSEI GA TANOSHIKUNARU
© EI Publishing Co.,Ltd. 2016
Originally published in Japan in 2016 by EI Publishing Co.,Ltd.
Chinese (Simplified Character only) translation rights arranged with
EI Publishing Co.,Ltd.through TOHAN CORPORATION, TOKYO

本作品简体中文版由日本EI出版社授权华中科技大学出版社有限责任公司在中华人民
共和国境内（但不含香港特别行政区、澳门特别行政区和台湾地区）出版、发行。

湖北省版权局著作权合同登记　图字：17-2021-173号

葡萄酒
Putaojiu

　　　　　　　　　　　　　　　　　　　　　　　[日] EI出版社编辑部 编著
　　　　　　　　　　　　　　　　　　　　　　　方宓 译

出版发行：华中科技大学出版社（中国·武汉）　　　电话：(027) 81321913
　　　　　华中科技大学出版社有限责任公司艺术分公司　(010) 67326910-6023
出 版 人：阮海洪

责任编辑：莽 昱　康 晨
责任监印：赵 月　郑红红　　　　　　　封面设计：邱 宏

制　　作：北京博逸文化传播有限公司
印　　刷：北京金彩印刷有限公司
开　　本：889mm×1270mm　1/32
印　　张：6
字　　数：90千字
版　　次：2021年12月第1版第1次印刷
定　　价：79.80元